アトキンス
物理化学入門

Peter Atkins 著
渡辺 正 訳

東京化学同人

PHYSICAL CHEMISTRY
A Very Short Introduction

Peter Atkins

© Peter Atkins Limited 2014

Physical Chemistry: A Very Short Introduction, First Edition was originally published in English in 2014. This translation is published by arrangement with Oxford University Press. 本書の原著は 2014 年に英語で出版された．本訳書は，Oxford University Press との契約に基づく出版である．

まえがき

　物理化学は化学全体の土台です．物理化学を"立っている人"とみなせば，その人は膝あたりまで物理学にどっぷり埋もれ，頭のへんをとり囲むのが化学の二大分野（無機化学と有機化学）だといえましょう．だから化学をつかむには，言い換えると，化学には何ができ，化学の成果はどうやって出し，化学者は世界をどう見るのかをつかむには，物理化学の考えかたを身につけるのが欠かせません．

　あいにく物理化学の枠組みは数学だから，いくら意欲のある学生や生徒でも，筋を追うのは大変です．私自身も，物理化学がらみの話をするときは，聴き手が耳をそむけてしまうのじゃないかと，いつだって心穏やかではありません．

　数式の藪をかき分けて進めといわれたら，初学者は投げ出したくなるでしょう．そうならないよう本書では，"ほぼ言葉だけ"で物理化学を紹介することに決めました．ただし，わかりやすい数式をほんの少しだけ，急所のところでお目にかけます．

　物理化学が物理学に埋もれているのは，自然の理解を目指した物理学者のみごとな成果を借りているからです．斜め読みするだけでおわかりのとおり，物理化学の骨組みをつくった人々は，大半が物理学者でした（その多くがノーベル物理学賞を受賞）．つまり物理化学は，物理学から大きな恵みを受けている．恵みはおもに量子力学と熱力学ですが，最低限の紹介にとどめますので，どうかご心配なきよう．

　化学の土台は物理化学——そのことを本書からおわかりいただけるでしょう．なにしろ，いま化学の研究と教育になくてはならない用語や表現も，たいていが物理化学の分野で生まれ，化学一般に浸透したものです．化学の研究・教育にあたる人々の言葉づかいや発想もお伝えします．自然を理解するうえで物理化学がどれほど重い役割を果たすのか——それを本書から感じとってください．

　化学の原理は，私たちが知る範囲なら，ほぼ完璧にわかっています．それ

でも物理化学は，いまなお活気あふれる分野なのです．おもにコンピュータの利用が実験と解析の高度化を促し，物理化学の"筋力"が高まる結果，実験データから"搾りだせる"情報の量も，どんどん増えているからです．

　物理化学は，ソフト材料・ナノ材料といった新しい物質や，歴史は古いけれど複雑きわまりない生体分子にもメスを入れ，材料の豊かな応用面を広げつつあります．そうした話題の一端を，各章末尾の短い"先端テーマ"欄にまとめました．"完全無欠な研究室"というものがあったとすれば，そんな研究室のメンバーが，関連分野と共同しつつ挑戦していくテーマだといえます．

　2013年 オックスフォードにて

Peter Atkins

目　次

1章　ミクロ世界の決まりごと …………………… 1
原　　子 ……………………………………………… 1
原子の電子構造 ……………………………………… 3
原子の性質 …………………………………………… 8
イオン結合 …………………………………………… 11
共有結合 ……………………………………………… 13
化学結合と量子力学 ………………………………… 15
先端テーマ …………………………………………… 20

2章　マクロ世界の決まりごと …………………… 21
第一法則 ……………………………………………… 23
第二法則 ……………………………………………… 27
自由エネルギー ……………………………………… 29
第三法則 ……………………………………………… 33
性質どうしの関連性 ………………………………… 34
先端テーマ …………………………………………… 36

3章　ミクロとマクロの橋渡し …………………… 37
ボルツマン分布 ……………………………………… 38
分子の目で見る熱力学 ……………………………… 41
分子のふるまいと化学平衡 ………………………… 43

統計の意義 ……………………………………………………… 46
　　　先端テーマ ……………………………………………………… 47

4章 ◎ 気体・液体・固体の素顔 …………………………………… 48
　　　気　　　体 ……………………………………………………… 48
　　　液　　　体 ……………………………………………………… 54
　　　固　　　体 ……………………………………………………… 58
　　　三態を外れた状態 ……………………………………………… 61
　　　先端テーマ ……………………………………………………… 64

5章 ◎ 物 理 変 化 ……………………………………………………… 65
　　　沸騰と凝固 ……………………………………………………… 65
　　　相　　　律 ……………………………………………………… 69
　　　溶解と混合 ……………………………………………………… 71
　　　溶液の物理変化 ………………………………………………… 74
　　　固体-固体の相転移 …………………………………………… 78
　　　先端テーマ ……………………………………………………… 78

6章 ◎ 化 学 変 化 ……………………………………………………… 79
　　　自 発 反 応 ……………………………………………………… 80
　　　反 応 速 度 ……………………………………………………… 82
　　　反応速度と温度 ………………………………………………… 84
　　　触 媒 反 応 ……………………………………………………… 87
　　　光 化 学 ………………………………………………………… 89
　　　電 気 化 学 ……………………………………………………… 91
　　　反 応 機 構 ……………………………………………………… 93
　　　先端テーマ ……………………………………………………… 95

7章 ミクロ世界の探りかた ……………………………… 96
　　分　光　法 ………………………………………… 96
　　磁気共鳴法 ………………………………………… 98
　　質量分析法 …………………………………………101
　　表 面 観 測 …………………………………………103
　　レ ー ザ ー …………………………………………105
　　コンピュータ ………………………………………106
　　先端テーマ …………………………………………107

付録：元素の周期表 ……………………………………109
参　考　書 ………………………………………………110
訳者あとがき ……………………………………………111
索　　引 …………………………………………………115

1章 ミクロ世界の決まりごと

　物理化学は，どのように自然をとらえ，化学全体に何を恵むのでしょう？　何はともあれ物質の素材は原子なので，目に見え，手でさわれる"マクロ物質"を調べる前に，原子の素顔をじっくり眺めましょう．ものの性質はたいてい原子をもとに説明できるし，化学が物理学から受けたいちばんの恵みが，まさに原子の理論ですから．

　原子を始めとするミクロ世界のありさまは，古典物理学ではなく量子力学に従います．だから原子のつくりを説明するには，量子力学（量子論）の発想を避けては通れません．"たいへん小さいもの"のふるまいを表す難解な理論ですが，だからといって，これから難解な話をするつもりはありません．量子論を煮詰めたエキスだけ，なるべくやさしい表現でお伝えしましょう．

原　子

　万物は**原子**（atom）からできている…と古代ギリシャ人は考えました．けれど，はっきりした証拠など何もない推測でしたから，物理化学が古代ギリシャに芽生えたとはいえません．

　原子の実在に迫る証拠は，ようやく19世紀に入ってすぐのころ，英国のドルトン（John Dalton, 1766〜1844）が手にしました．当時の先端技術だった精密な天秤を使い，化学反応の前後で物質の重さをていねいに測っ

たのです．測定結果をもとにドルトンは原子が実在すると考えましたが，原子のサイズは推定できていません．原子の大きさなど，誰にも想像できないころでした．なにしろ原子が"見える"のは 200 年もあと，ようやく 20 世紀の末近くになってからなので．

　中学校でも学ぶとおり原子とは，"電子（electron）の衣をまとう**原子核**（nucleus）"です．電子は原子核よりずっと軽いから，原子の重さはほとんどを原子核が占める．そして原子核はプラス電荷を，電子はマイナス電荷をもつ．あとでも言いますが，電子はくっきりした軌道を回っているのではなく，雲のように原子核をとり囲んでいます（身近なものだと，タンポポの綿毛のイメージ）．

　化学では，放射能にからむ"核化学"を除き，"原子核のつくり"は主題になりません．原子核とは，2 種類の基本粒子，つまりプラス電荷の**陽子**（proton）と電荷ゼロの**中性子**（neutron）が強い力で密集したもの…と考えておきましょう．その"強い力"は，陽子−陽子，中性子−中性子，陽子−中性子の間に等しく働き，原子核そのものをまとめ上げています．

　原子核にある陽子の数が**原子番号**（atomic number）です．元素の個性を決める原子番号は，1 番が水素，2 番がヘリウム，…116 番がリバモリウム，と 116 番元素までつきました（2014 年 10 月現在，113 番と 115 番がまだ"名無し"なので，名前のある元素は 114 個）．中性子と陽子の数は互いに近く（重い元素は中性子がやや過剰），ふつうの水素は中性子が 0 個，ヘリウムは 2 個，…リバモリウムは約 180 個です．同じ元素（同じ陽子数）なのに中性子数のちがう原子を，周期表（p. 109）の上で同じ位置にあるため，**同位体**（isotope）とよびます．

　物理化学の話なら原子核は，① 原子の重さのほとんどを占め，② プラス電荷をもち，③ 陽子がスピン（自転）している，という三つの性質をもつ永久不変の粒だと思ってさしつかえありません．

　化学の全体では，ひとつの原子核が大活躍します．水素原子 H の原子核です（記号で書くときは p または H^+）．ふつうの水素なら原子核は，いつもスピンしているプラス電荷の陽子 1 個だけ．あきれるほど単純なものだというのに，化学のどこにでも顔を出し，ほかの原子を考えるとき

も，原子たちが織りなす化学変化を考えるときも，陽子1個だけの水素原子が主役のひとりになるのです．

水素には，ほか2種の同位体があります．陽子1個＋中性子1個が強く結びついたジュウテリウム（重水素）と，陽子1個＋中性子2個のトリチウム（三重水素）です．それぞれを（元素記号Hではなく）文字D（ジュウテリウム）とT（トリチウム）で書くのが，ほかの元素にはない水素の特徴だといえます．DもTも，本書の中で触れる場面はほとんどありませんが，いろいろな化学現象や化学技術にからむ原子です．

原子の電子構造

物理化学では，何はさておき"原子核を囲む電子たち"に注目します．原子核のまわりこそ，化学現象が起きる舞台だし，元素の個性を生む場所でもあるからです．

まずポイントとなるのは，原子核の中にある陽子と，原子核を囲む電子が同数だということ．電子と陽子は，絶対値がぴったり同じ逆符号の電荷をもつため，孤立した原子は正味の電荷をもちません．原子番号1の水素は1個，原子番号2のヘリウムは2個の電子をもち，リバモリウムの原子核まわりでは，116個の電子が押し合いへし合いしていることになります（ただ"押し合いへし合い"するのではなく，電子116個が1億分の1センチほどの空間をきちんと住み分けるという，想像を絶するふるまいがミクロ世界のすごいところ）．

原子核を囲む電子は，いったいどんな状態にあるのか？　それを説明しきったのが，量子力学の理論です．

まずは1913年にデンマークのボーア（Niels Bohr，1885〜1962）が，原子のモデル（中高校の教科書にも載る"ボーアモデル"）を提案します．原子核のまわりを1個ないし数個の電子が，太陽系の惑星よろしく，きれいな軌道を描いて回るというモデルです．そのイメージが世に広まって，いろいろな団体がロゴによく使う"原子の絵"になりました．

けれど，量子力学が明るみに出した原子の素顔は，そんなものではあり

ません．電子たちは原子核のまわりに，くっきりした軌道を描いてなどいないのです．"回る勢い"を考えてよい電子はあるけれど，そもそも"回る"という発想に合わない電子もあります．おなじみの"原子の絵"は，どこからどうみてもまちがいなのに，いったん広まったイメージは消えにくいのですね．

電子の素顔（原子の電子構造）は，オーストリアのシュレーディンガー（Erwin Schrödinger，1887～1961）が 1926 年につくったモデルをもとに考えます．彼は愛人のひとりと休暇旅行中に寝室でひらめいたという方程式を使い，水素原子の電子構造を計算しました．すると原子核を囲む電子は，きれいな軌道を回るのではなく，波の趣で分布していることになりました．そのありさまを電子の**波動関数**（wavefunction）といい，波それぞれのエネルギー値は飛び飛びになります（エネルギーの量子化）．

いろいろな原子（元素）を調べる原点になるのが，シュレーディンガー方程式から出てくる水素原子の姿です．つまり化学の心臓部には水素原子があると考えましょう．

原子核を囲む波のような電子の分布を，**原子軌道**（atomic orbital）とよびます．なお orbital は，衛星などのくっきりした軌道を指す orbit に "-al" を添え，"ぼやけた軌道"という意味をもたせた造語です．原子軌道は，ボーアの"軌道"と似ている点は多少あっても，くっきりした線で描けるものではないという点に，くれぐれも注意しましょう．

これからの話で使う用語を，いくつか紹介しておきます．水素原子がもつ原子軌道のうち，原子核にいちばん近く，エネルギーが最低の（いちばん安定な）軌道を **s 軌道**（s-orbital）といいます．s 軌道の"中"にいる電子 1 個は（軌道は線ではなく"分布"だから，"上"より"中"がふさわしい），原子核の位置で密度が最大になり，原子核から遠ざかるにつれて密度が激減していく"雲の球"だと考えましょう（図 1）．

s 電子は，ぴったり原子核の位置にいる確率がいちばん高く，原子核から遠ざかるほど見つかりにくくなります．つまり s 軌道の電子は，原子核のまわりを"回って"などいないのです．原子核のまわりを"ホバリング"しているようなものだといえましょうか．

また,"原子はほとんどスカスカ"という表現によく出合います.でもそれは,電子という"点電荷"が原子核のまわりを回っている…とみたボーアモデルの名残にすぎません.正しいシュレーディンガーのモデルだと,"スカスカ"の空間などなくて,ある場所に電子の見つかる確率が高いか低いかだけのことになります.

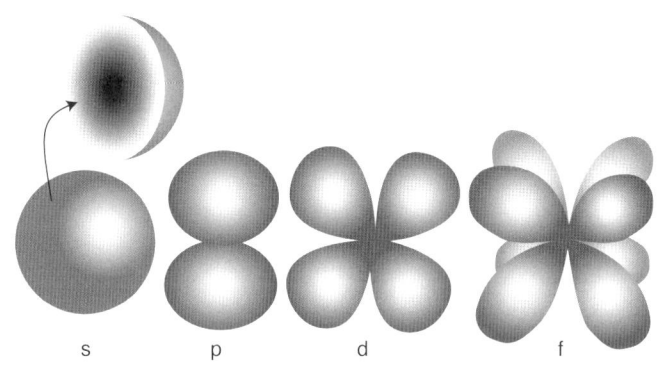

図1　s, p, d, f 軌道の代表的な形.電子の大半が見つかる空間を,丸っこい立体に描いた.s 軌道の解剖図(左上)につけた濃淡が電子の存在確率

s 軌道は 1 種類ではありません."球形の雲"という姿は同じでも,原子核からの距離がちがうものが複数あるため,エネルギーの低い(サイズの小さい)ほうから 1s 軌道,2s 軌道,3s 軌道,…とよびます.水素原子がもつ 1 個だけの電子は,1s 軌道の住人です.

水素原子のシュレーディンガー方程式を解けば,s 軌道のほかにも軌道があるとわかります.そのうち,**p 軌道**(p-orbital)は原子核の両側に 2 個の雲が吹き出た感じ,**d 軌道**(d-orbital)は雲のかたまり 4 個,**f 軌道**(f-orbital)は雲のかたまり 8 個の趣です(図1).

いま使った記号について,二つ注意をしておきましょう.まず,s, p, d, f は,量子力学の芽生え期に,原子の出す光の特徴を指した記号です(s＝sharp,p＝principal,d＝diffuse,f＝fundamental).もはやまったく意味はなく,科学史家の関心を引くくらいでしょうけれど,記号そのものは生き延びて,化学の日常語になりました.もうひとつ,f の先は g, h, …とな

るところ，g以上の軌道をもつ安定な原子はないため，本書でもg軌道やh軌道には触れません．

シュレーディンガーの手柄はまだ続きます．球形の雲なら，原子核の包みかたはひとつしかないけれど（だから1s軌道，2s軌道，3s軌道…は1個ずつ），p軌道だと3種類のやりかたで原子核を包める（だから2p軌道，3p軌道，4p軌道…は3個ずつ）．また，d軌道は5種，f軌道は7種ある．さらに，電子のエネルギーが決まると，電子が入れる軌道の組み合わせもひとつに決まる…ということが，シュレーディンガー方程式を解くと自然に出てくるのでした．

エネルギーの低いものから順に軌道を並べれば，つぎのようになります．

    1s
    2s 2p
    3s 3p 3d
    4s 4p 4d 4f

水素原子の場合はそれでよく，同じ行の（数1〜4が同じ）軌道なら，エネルギーに差はありません（軌道の縮退）．けれど電子が2個以上になると，つまり水素より重い原子だと，電子どうしが反発しあう結果，エネルギーの値が微妙に変わります．その結果，電子が入っていく軌道は，つぎのような順番になるのです．

    1s
    2s 2p
    3s 3p
    4s 3d 4p

その先はさらに複雑なことも起きますが，こまかいことは省略し，わかりやすい範囲の補足を少しだけしておきましょう．

物理化学には，**計算化学**（computational chemistry）という分野があります．呼び名から想像できるとおり，コンピュータを使ってシュレーディンガー方程式を解き，原子や分子の素顔をつかむ分野です．分子のことはあとに回し，分子よりずっと単純な原子を考えましょう．シュレーディンガーの理論発表からほどなく，多くの人が原子の計算に挑みました（まだコ

ンピュータはなく，面倒な計算を手でやった時代です）．

　いまのコンピュータなら，原子の計算は朝飯前．キーボードを叩くだけで，原子のまわりに電子がどう分布しているかも，軌道それぞれのエネルギーも，かなり正確にわかります．とはいえ物理化学者は，コンピュータが吐きだす膨大な数字の意味をつかもうと，原子のモデル化に励む人々です．モデル化して原子を理解できたなら，その成果を無機化学・有機化学や，同じ物理化学の関連分野に"輸出"し，使ってもらうのです．

　水素より大きい，つまり電子が2個以上の原子になると，新しい課題が二つ生まれます．まず，マイナス電荷をもつ電子どうしの反発は，軌道のエネルギーをどう変えるのか？　そしてもうひとつ，電子たちが軌道をどんなふうに占めていくかです．

　電子が軌道をどう占めるかは，やはり物理学者が突き止めました．1925年にスイスのパウリ（Wolfgang Pauli, 1900～58）が見つけた原理です．原子が出す光を調べていたパウリは，出るはずの波長に光が出ない事実から，電子が軌道を占めるやりかたには制限がある，と見抜きました．

　その直後に完成する量子力学が，パウリの見つけた原理を厳密に表現します．数式は省いて要点だけいうと，つぎのように書ける**パウリの排他律**（Pauli exclusion principle）です．以下の話は，この表現だけですますことにしましょう．

- 軌道1個に電子は2個までしか入れない．入った電子2個は，互いに逆向きのスピンをもつ．

　単純に見えても，たいへん重い原理です．なぜか？　エネルギーのいちばん低い軌道は1s軌道でした．そのため，電子1個の水素原子と，2個のヘリウム原子で，電子は1s軌道に入ります．もっと重い原子の電子も，全部が1s軌道に入ればエネルギーがいちばん低く（安定に）なれるのに，パウリの排他律がそれを許しません．たとえばヘリウムに続くリチウムの原子なら，電子3個のうち2個は1s軌道に入れるけれど，3個目はエネルギーの高い2s軌道に（いやいや）入るしかないのです．

　化学の聖像（イコン）とみてよい周期表のつくりも，パウリの排他律の延長線上に

あります．とりあえず最初の 11 元素を眺めましょう（全元素を並べた周期表は p.109 に掲載）．[ ]内が原子番号（＝電子の数）です．

H[1]　He[2]
Li[3]　Be[4]　B[5]　C[6]　N[7]　O[8]　F[9]　Ne[10]
Na[11]…

水素 H～リチウム Li にはもう触れました．ベリリウム Be がもつ 4 個目の電子も，2s 軌道に入ります．そこで 2s 軌道は満杯になるため，5 個目以降の電子 6 個は，3 個の 2p 軌道を順に占めていく．2p 軌道も満杯になると（行き着く先がネオン Ne），ナトリウム Na がもつ 11 個目の電子は，つぎの 3s 軌道に入るしかない．そのとき周期表の上では，3 番目の行（第 3 周期）が始まるのです．

それならリチウムとナトリウムは，どちらも s 軌道に 1 個だけ電子をもつ"兄弟元素"のようなものだとわかりますね．

元素のそんな近縁関係が，周期表の全体に見つかります．同じ縦の列（族）に並ぶ元素たちを考えましょう．いちばん外側にある軌道は，横の行（周期）が進むごとに"ランク"が 1 ずつ上がるものの（たとえば 3p→4p），種類の同じ p 軌道に同数の電子が入っているから，性質がよく似ているのです．

物理化学と，全元素を相手にする**無機化学**（inorganic chemistry）との接点がそこにあります．無機化学者は，物理化学者が明るみに出した周期表のつくりをもとに，さまざまな物質を調べるのです．

①電子の軌道というものがあり，②軌道それぞれのエネルギーは決まっていて，③同じ軌道に電子は 2 個しか入れない．——以上三つの単純なことが，周期表の姿と元素たちの近縁関係をすみずみまで浮き彫りにする…という事実を振り返るたび，私自身いつも感動してしまいます．

原子の性質

原子の電子構造は，元素を特定するほか，原子のさまざまな性質にも関

係します.うちいくつかを眺めましょう.

まず,原子が結合しあうときに効く原子のサイズ,**原子半径**(atomic radius)を考えます.原子とは,原子核のまわりに"ぼやけた電子の雲"をまとうものでした.原子核から離れるにつれ雲の密度は激減していくため,雲に"果て"があるとみる,つまり原子に大きさがあるとみるのは,それほど無理な発想でもありません.

原子半径は実測できます.まずは,分子内や固体の中で結合しあう原子どうしの距離を測る.その距離を,ある理屈をもとに各原子に割り振れば,原子それぞれの半径がわかるのです.

元素の原子半径は,周期表上の位置ときれいな関係があります.たとえば,行(周期)のどれかを"左→右"にたどれば,半径はしだいに減っていく.右へ行けば電子は多くなるけれど,増える原子核のプラス電荷が電子の雲をどんどん強く引き寄せる結果,原子は小さくなるわけです.

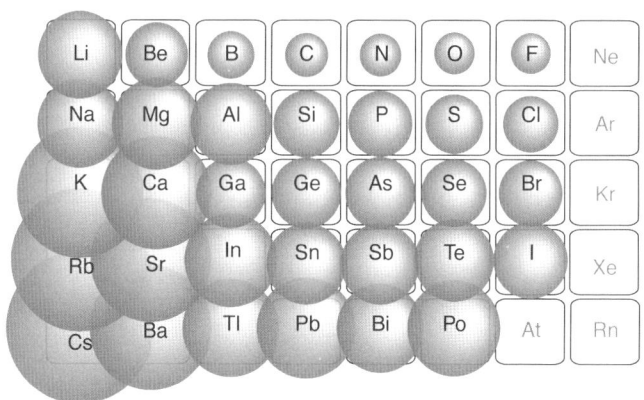

図2　周期表上で見る主要族元素の原子サイズ.同じ行(周期)なら"左→右"で減り,同じ列(族)なら"上→下"で増える.

かたや,列(族)のどれかを"上→下"にたどれば,"リチウム Li→ナトリウム Na"で見たとおり,ひとまわり大きい電子殻に電子が入って雲をつくるため,原子半径は大きくなっていきます(図2).

つぎに大切な性質,**イオン化エネルギー**(ionization energy)を眺めましょ

う．イオン化エネルギーとは，原子から1個〜数個の電子をもぎとる（原子をイオン化させる）のに必要なエネルギーです．少しあとでわかるとおり，電子の離れやすさは，原子がつくる化学結合のタイプを決め，つまりは原子の個性を決めるから，イオン化エネルギーの大小は，化学現象の考察に欠かせません．

周期表の上でイオン化エネルギーは，原子半径とよく似た傾向を見せますが，大小関係は逆になります．プラス電荷の原子核に近い電子ほど，引かれる力が強いため，引き離しにくい．つまり，同じ周期の"左→右"だと，原子が小さくなる結果，イオン化エネルギーは大きくなる．また，同じ族の"上→下"だと，いちばん外側の（引き離しやすい）電子が原子核から遠ざかるため，イオン化エネルギーは小さくなっていきます．

そういう事情で，周期表の左端あたりにある元素は，1個や2個の電子を失いやすく，金属の性質（4章）を示します．かたや，周期表の右端あたりにある元素は，電子を失いたくない"非金属"なのです．

原子の大切な性質にはもうひとつ，**電子親和力**（electron affinity）があります．電子1個をもらったときに余る（放出する）エネルギーです．電子親和力は，周期表の右端に近い（ただし右端そのものに並ぶ"貴ガス"以外の）元素で大きい．そういう元素の原子は，いちばん外側の殻があと少しで満杯だから，電子を受け入れやすいのですね．

イオン化エネルギーと電子親和力は，いわば車の両輪となって，**イオン**（ion）のできやすさを教えます．イオンとは，余分な電荷をもつ原子です．余分な電荷は，原子が1個〜数個の電子を失うかもらうかして帯びる．電子を失えばプラス電荷の**陽イオン**（cation，カチオン）になり，電子をもらえばマイナス電荷の**陰イオン**（anion，アニオン）になります．

英語名の cation, anion は，英国のファラデー（Michael Faraday, 1791〜1867）がこしらえました．電子の存在さえまだ誰も知らなかった当時，食塩水など電解液中に"電気の運び手"がいる，とファラデーは見抜いたのです．まず運び手をギリシャ語 *ienai*（英語 go）の進行形 *ion* とします．また，溶液に電圧をかけたとき，プラス極へ向かうイオンを，"上へ"の接頭語 *an-* をつけて anion, マイナス極へ向かうイオンを，"下へ"の接

頭語 cat- をつけて cation と命名しました．

　周期表の左端あたりに並ぶ元素はイオン化エネルギーが小さいため，電子を出して陽イオンになりやすい．かたや右端あたりに並ぶ元素は電子親和力が大きいため，電子をもらって陰イオンになりやすい．物理化学者がつかんだその事実こそが，化学結合の本質を浮き彫りにしてきたのです．

イオン結合

　隣りあう原子どうしをしっかりと結びつけ，万物の精妙な内部構造をつくる化学結合は，原子核のまわりで電子の分布が変わる結果として生まれます．電子の分布がどう変わり，どんな結合ができるのかは，むろん物理化学の重いテーマでした．

　おもな化学結合には，イオン結合，共有結合，金属結合の三つがあります．金属結合は 4 章の話題にしましょう．

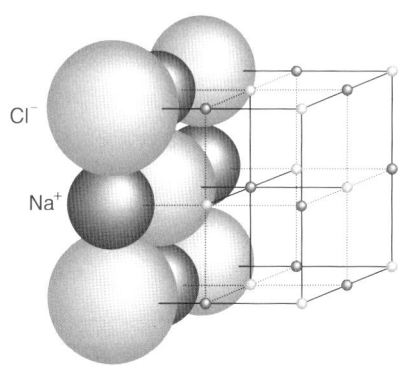

図3　塩化ナトリウム（食塩）の結晶構造．どの Na$^+$ も 6 個の Cl$^-$ に囲まれ，どの Cl$^-$ も 6 個の Na$^+$ に囲まれ…という並びが固体全体に及ぶ．

　ひとつ目のイオン結合は，陽イオンと陰イオンが電気力で引きあう物質をつくります．その典型が，日ごろおなじみの塩化ナトリウム（食塩）．同数のナトリウムイオン Na$^+$ と塩化物イオン Cl$^-$ が引きあう集団です．とはいえ，イオンがただ"集まった"だけではありません．軍隊の"密集

隊列"さながらに，イオンが規則性よく並んでいます（**図3**）．

イオン結合の素顔を眺めましょう．まず，イオンとイオンの間には，明確な"結合"といえるものはありません．イオンたち全体が，電気力で引きあっているだけ．ある1個のNa^+は，いちばん近いCl^-（複数）と引きあうけれど，そのCl^-を囲んでいるNa^+とは反発しあう．さらに，ひとまわり遠いCl^-とは引きあい，Na^+とは反発しあう…というふうに，どこまでも続きます．

相手のイオンが遠くなるにつれ，引きあう力も反発しあう力も弱まっていきますが，そうした力を足しあわせれば，正味の力が引きあいになるのです．つまりイオン結合は，"原子と原子の結合"ではなく，結晶の全体に及ぶプラス電荷とマイナス電荷の引きあいから生まれるのだと心得ましょう．

イオン結合が強いのも，そもそもイオン結合ができるのも，Na^+とCl^-がバラバラでいるときに比べ，エネルギーが下がる（安定になる）からなのです．

ほんとうにエネルギーが下がるかどうかを確かめましょう．それには，経理担当者のような，エネルギーの"収支計算"をする眼力が欠かせません．まず効くのは，イオン化エネルギーと電子親和力の兼ね合いです．とはいえ実のところ，その二つだけなら，エネルギーの収支は（黒字ではなく）赤字になってしまいます．なぜでしょうか？

ナトリウムNaのイオン化エネルギーが小さいといっても，いちばん外側の電子は，ポロリと落ちるわけではありません．もぎとるには，かなりのエネルギーを使う．その投資分から，塩素の電子親和力（Cl原子が電子をもらって"稼げる"エネルギー）を引いたものが，エネルギーの"得失勘定"です．しかしデータを当たってみると，イオン化エネルギー（支出）のほうがだいぶ大きく，電子親和力（収入）では埋め合わせできない．つまり，そこまでだと収支はまだ赤字なのです．

最後に，できたNa^+とCl^-の引きあいが，正味の収支を黒字にします．プラス電荷とマイナス電荷が引きあえば，エネルギーが大きく下がる．だからこそ塩化ナトリウムは，安定な結晶をつくるのですね．

これでイオン結合の素顔がわかりました．イオン結合するのは，周期表の左端に近い元素と，右端に近い元素．左端に近い元素は，イオン化エネルギーがそこそこ小さいから，わずかな投資エネルギーで陽イオンになれる．かたや右端に近い元素は，電子親和力がかなり大きいから，陰イオンになればその分だけ安定化する．でも，そこまでなら収支は必ず赤字のところ，陽イオンと陰イオンの引きあいがエネルギーを大きく下げて，総合収支が黒字（安定化）になるのでした．

共 有 結 合

周期表の右端に近い元素は，どれもイオン化エネルギーが小さくありません．すると，そんな元素どうしがイオン結合しようとしても，エネルギー収支は必ず赤字になってしまうため，それとは別のやりかたで結合します．2個の原子が電子を出しあって（共有して）つくる**共有結合**（covalent bond）です．

共有結合を調べる前に，関連する歴史を少し振り返っておきましょう．まず，英語 covalent bond の "-valent" について．valent は "強さ" を表すラテン語にちなみますが（ローマ時代，別れの挨拶は *Valete!* でした．"強くあられよ＝お元気で" というわけ），いま valence は，"結合" や "原子価" を表す大切な化学用語です．また "co-" は，結合しあう原子の共同作業（cooperation）を意味します．

二つ目は，物理化学の芽生えに共有結合がからむという事実です．歴史上，物理化学といえる分野が生まれた時期については，いろいろな意見がありえます．物理化学者といえそうな人は，まちがいなく 19 世紀にもいました．ひとりが英国のファラデーでしょうし，もっと古い 17 世紀のボイル（Robert Boyle，4 章）も，"物理化学" という言葉は使わなかったにせよ，物理化学者だったといってよいかもしれません．

けれど，物理化学が地歩をしっかり固めたのは 20 世紀の初め，電子（発見 1897 年）をもとに化学現象を説明できるようになったときです．しかも出発点は，共有結合の説明でした．立役者だった米国の化学者ルイス

(Gilbert Lewis，1875～1946) が 1916 年に，"電子対が共有結合をつくる"と見抜きます．さまざまな面で化学に，とりわけ物理化学の深化に貢献したルイスをノーベル賞で讃えなかったのは，ノーベル賞の定員にからむとはいえ，知の歴史上，スキャンダルのひとつだといえましょう．

ルイスが見抜いたとおり共有結合は，電子対を共有する原子どうしがつくります．イオン化エネルギーが大きすぎて陽イオンになりにくい原子は，電子1個を縛っていた手綱を"ゆるめる"だけで満足する．その投資エネルギーはさほど大きくありません．やはり似た性格の原子が"手綱をゆるめて"動きやすくなった電子1個と合わせ，その2個が電子対をつくれば，正味のエネルギー収支が黒字になるのです．

いま"満足する"とか"似た性格"とか，擬人的な表現をわざとしました．そうした表現を化学者たちは日ごろ，電子の分布変化でエネルギーが変わる現象を指すのに，よく使うからです．厳密でも正確でもないため（なかなか味のある言いかただし，くだけた会話に似て堅苦しくないのが美点だとはいえ），今後は使わないよう気をつけます．

共有結合は，イオン結合とはちがって，**ローカル現象** (local phenomenon) だというところが本質です．隣りあう原子2個が電子を共有してできる結合だから，無数のイオンを結びつけるイオン結合のようなものではありません．だからこそ共有結合の産物は，水素 H_2 (H–H)，水 H_2O (H–Ö–H)，二酸化炭素 CO_2 (O=C=O) など，どれも"明確なかたまり"になった分子なのです．

いまの分子三つは，いちおう考えて選びました．まず H_2 は，同じ元素の原子どうしが共有結合したもの．非金属元素だと，そんな例は少なくありません（おなじみの酸素 O_2 や塩素 Cl_2 もそう）．また H–H という表記は共有結合の描きかたを表し，原子のつながり（共有電子対1個の単結合）を1本線で描く例です．

2番目の水分子 H_2O を選んだ理由は，二つあります．ひとつは，ある原子がもっている電子をみな共有結合に使うわけではない例になること．もうひとつは，結合を2本つくった酸素原子Oが，電子8個（4対）に囲まれている例になることです．ペアなのに結合には使われない電子2個

を，**孤立電子対**（lone pair）とよびます．

　電子8個に囲まれたO原子は，いちばん外側の電子殻が満杯です．"8個ひと組"の英語 octet から，それを"オクテット形成"とよびます．オクテットではない結合もあるけれど，ふつうは"結合すればオクテットができる"と思ってさしつかえありません．

　三つ目に選んだ二酸化炭素は，原子どうしが電子対2個を共有する例になり，記号"＝"を使って書く"二重結合"です．ほかには，アセチレンなどがもつ三重結合（共有電子3対）もあるし，ごくまれな例だとはいえ，クロムやタングステンがつくる四重結合もあります．

　共有結合でできた物質が，どれも"分子の集まり"だというわけではありません．原子がどこまでも共有結合でつながりあった"巨大分子"（通称"ネットワーク固体"）もできます．おなじみのダイヤモンドがそんな物質ですね．どの炭素原子も，仲間の炭素原子4個と単結合をつくり，仲間もそれぞれ単結合をつくり…と，結晶全体にわたってつながりあったものです．そうした構造は4章でまた眺めましょう．

化学結合と量子力学

　量子論の前夜に想像の翼をめいっぱい広げ，共有結合のコアに電子対があると見抜いたルイスも，"なぜ電子対なのか？"には答えていません．"なぜ？"の答えをくれたのは，ほぼ10年後の1926年に確立する量子力学の応用，"原子価理論"です．量子力学を使う研究は以後，物理化学の一大分野といえる**理論化学**（theoretical chemistry）に発展を遂げました．もっぱら数値計算をする研究者は，その分野を計算化学（コンピュータ化学）と呼んだりもしますが．

　芽生え期には物理学者と連携しつつ物理化学者は，結合形成を説明する"量子化学"の理論を二つ生みました．**原子価結合理論**（valence-bond theory，**VB理論**）と**分子軌道理論**（molecular orbital theory，**MO理論**）です．VB理論はもはや時代遅れに近いのですが，当時できた用語あれこれが化学界にくっきりと足跡を残したから，いまも化学ではそうした用語

を多用します.

かたや MO 理論は，コンピュータ計算にずっと向いているため，たちまち理論化学の主流になりました．ただし用語にはまだ VB 理論の香りが残り，計算には MO 理論を使うので，化学を学ぶときは両方の発想になじむ必要があります．

VB 理論は，量子力学の誕生（1927 年）からほどなく，物理学者のハイトラー（Walter Heitler, 1904～81）やロンドン（Fritz London, 1900～54），スレーター（John Slater, 1900～76）がつくり，米国の化学者ポーリング（Linus Pauling, 1901～93）が仕上げました．そうした物理と化学の交流は，いかにも物理化学の芽生え期にふさわしいものだといえます．また，彼ら全員が二十代だったという事実は，若い時代の知的生産性がいかに高いかをよく物語っていましょう．

VB 理論では，結合電子対を波動関数で表します．"原子の電子構造（p. 7）"で述べたとおり，電子にはスピンという性質があり，対をなす 2 個の電子は，互いに逆のスピンをもつのでした．つまり，隣りあう原子の一方が時計回りスピンの電子を出し，他方は反時計回りスピンの電子を出して，その 2 個が対になります．

方程式を解いて出る波動関数を調べてみると，できる電子対（電子 2 個）の存在確率は，原子核どうしを結ぶ線上で高くなります．だからこそ電子対は，二つの原子核をつなぐ"糊"になれるのです．

ただし VB 理論は，炭素原子がつくる結合，とりわけ簡単な化合物メタン CH_4 の結合を説明できません．その難題にポーリングが挑んで解き明かし，現代化学に浸透している発想と用語をとりそろえました．

孤立した安定な炭素原子 C は，いちばん外側の雲（原子価殻）に電子を 4 個もち，うち 2 個は最初からペア（対）になっています．残る 2 個が，2 個の水素原子 H がもつ電子 1 個とそれぞれペアをつくれる…のですが，それなら，できる分子は CH_4 ではなく，CH_2 だということになってしまいます．

そこでポーリングは，電子の**昇位**（promotion）というものを考えました．まず，エネルギーを少し使って，ペアになっている 2s 電子の 1 個を，空

の 2p 軌道 1 個に上げる．そうなると，つごう 4 個の電子は，それぞれ H 原子の電子 1 個とペアになれて，CH_4 分子ができる．原子どうしが結合すれば，エネルギーは必ず下がる —— というわけです．

けれど，電子が昇位するだけなら，まだ別の疑問が残ります．結合のうち 1 本は C 原子の 2s 軌道を使い，ほかの 3 本は 2p 軌道を使うため，できる結合は 2 種類なければいけない．ところが現実の CH_4 分子がもつ C−H 結合は区別できず，4 本ともまったく同じなのです．

ポーリングはつぎに，軌道の**混成**（hybridization）を思いつきます．2s 軌道も 2p 軌道も，原子核のまわりにできる波だ．一般の波と同じく"電子の波"も，空間中の 1 点で出合うと干渉するはず．だから炭素原子がもつ電子も，干渉すると考えればいい…．

4 個の波が干渉するさまを解析してみると，4 種類の干渉パターンができるとわかりました．4 種類それぞれは，空間の中でとる向きだけがちがい（メタン分子なら，正四面体の各頂点に向かい），パターンの形はまったく同じになります．つまりメタン分子 CH_4 の結合は，"混成軌道"から生まれ，4 本の結合はみな等価だから，観測の結果にピタリと合う"ミニ正四面体"形の分子ができるのです．

別の単純な分子，塩化水素 HCl の結合も，そう単純ではないとわかりました．VB 理論で解析すると，波動関数が分子内の電子分布を正しく表さないのです．具体的にいえば，1 対 (2 個) の結合電子が両方とも Cl 原子の上にある確率が，たいへん小さくなってしまう．前にみたとおり，周期表上で右端に近い塩素は電子親和力が大きいため，結合電子をぐっと引き寄せるはず．波動関数の解がそうならないのはどうみても納得できず，VB 理論の欠陥だったのです．

その謎を解く**共鳴**（resonance）というものを，ポーリングは着想します．ただ 1 個の波動関数で H−Cl 分子を表すのではなく，確率は小さいながらイオン形 H^+Cl^- の波動関数も考え，両方の"重ね合わせ"が実際の HCl 分子を表すとしました．波動関数の"重ね合わせ"つまり共鳴を含めると，HCl 分子の性質がうまく説明できたのです（多くの場合，"うまく説明できる"とは，エネルギーの計算値が下がることをいいます）．

けれど，VB理論の救世主となった"共鳴"は，半面，VB理論の輝きを失わせていくものでもありました．共鳴構造が少ししかない小分子はうまく扱えても，おびただしい共鳴構造が描ける複雑な分子を扱うのは，お手上げだったからです．

VB理論の欠陥を補うMO理論は，ほぼ同時期の1927年，マリケン (Robert Mulliken, 1896〜1986) とフント (Friedrich Hund, 1896〜1997) が提案しました（MO理論という呼び名はマリケンの提案，1932年）．MO理論は，"電子構造"の発想を，自然な形で原子から分子へ拡張したものだといえます．

先に見たとおり，ある原子がもつ電子たち（というよりも，電子たちの分布）は，"原子軌道"という波動関数で表せます．ただしそれは"原子1個"の話でした．MO理論では，分子をつくっている"全原子"に及ぶ波動関数つまり"分子軌道"を電子たちが占め，その結果として原子核どうしを結びつける，と考えるのです．

パウリの排他律は，分子軌道にも当てはまります．原子軌道と同じく，分子軌道それぞれに電子は2個までしか入れない．入った2個の電子は逆スピンをもつ．つまりここで，ルイスが見抜いた"電子対形成"の意味が明るみに出たといえましょう．

分子軌道を表すシュレーディンガー方程式の厳密な解は出ないため，うまく"近似"するのが肝心です．まずは，分子内の原子軌道すべてを組み合わせて分子軌道をつくる（H_2分子なら，素材は2個の1s軌道）．あらゆる波と同じく，共通の空間に広がる波動関数どうしは，互いに干渉しあいます（原子軌道の"混成"も干渉の産物でした．ただし分子の場合に干渉しあうのは，隣りあう原子を包みこむ波）．

干渉が起きると，波の重なりかたに応じ，波の振幅が増したり減ったりします．振幅が増す"強めあう干渉"だと，波をつくる電子2個は原子核と原子核の間で存在確率が上がり，原子核を結ぶ"糊"になれる．それが**結合性軌道**（bonding orbital）です．

かたや"弱めあう干渉"なら，原子核と原子核の間で波動関数の振幅が減る結果，電子たちは居心地の悪い場所に追いやられる．そんな電子は，

原子核どうしを引き離すように働くため，弱めあう干渉がつくる軌道を**反結合性軌道**（antibonding orbital）とよびます（図4）.

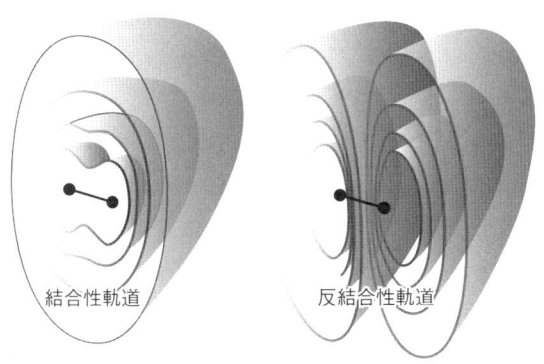

図4　二原子分子の結合性軌道と反結合性軌道．結合性軌道に入った2電子は原子核（●）どうしを結びつける．反結合性軌道に入った電子は核間から締め出され，原子核どうしを反発させる（以上のイメージは多原子分子でも同じ）．電子の存在確率が等しい場所を，入れ子の曲面で描いた．

　厳密には解けない分子のシュレーディンガー方程式も，理論化学者があみ出した強力な計算法を使って解くと，信頼性の高い数値解が得られます．どの数値計算法も，まず原子軌道を組み合わせて分子軌道をつくり，ベストの解に向かって計算を進めるところは共通です．そうした計算化学の分野は近ごろ，コンピュータの性能が上がるにつれ，ますます盛り上がってきました．

　計算で突き止め，やはり高性能のコンピュータで描いた電子分布から，分子の性質がありありとわかるようになっています．とりわけ恩恵を受けているのが，医薬品（薬理活性物質）の開発分野．分子A（薬剤）が分子B（毒物など）に結合し，Bの働きを抑えるような場合は，分子内の電子分布が決定的に効くため，計算化学の成果が役立つのです．

　計算のやりかたは三つに大別できます．まず**半経験法**（semi-empirical method）の計算では，入力データの一部に実測値を使い，計算時間を（計算コストも）減らします．そんな妥協をしない**第一原理法**（*ab initio* method）だと，原子の性質だけを入力する．初期の第一原理法は小さな分子しか扱えなかったところ，コンピュータの進化につれ，どんどん複雑な分子も扱えるようになってきました．

半経験法と第一原理法の混成といってよい方法，最後に登場した**密度汎関数理論**（density functional theory）は，さまざまな種類の分子につき，かなり正確な結果を短時間に出せるのが強みです．

先端テーマ

結合形成そのものはほぼ理解できたとはいえ，運動エネルギーとポテンシャルエネルギー（位置エネルギー）のからみ合いや，重原子で現れる"相対論的効果（重原子だと，原子核にいちばん近い 1s 電子の速さが光の速さに近づき，アインシュタインの相対論が効き始めること）"が結合にどう効くかなどは，まだ完全にわかったとはいえません．先端の話題としては，生体が使う複雑な巨大分子（タンパク質など）の電子構造や，ナノ構造（ナノ材料）の電子的性質を計算できちんとつかむことがあります．要するに，分子や原子集合体をつくる電子のふるまいを，できるだけくわしくつかみたいわけです．

コンピュータを使う化学反応のモデル化も進んでいます．ある結合が切れ，別の結合ができるありさまが，いろいろな反応でくっきりとわかってきました．また，動物実験をせずに医薬の効き目を調べるのも，いま計算化学の大きな目標です．

2章 マクロ世界の決まりごと

　物理化学が(確立したとはいえないまでも)芽生えた時期は，17世紀とみる立場もありますが，実質的には19世紀の中期でしょう．原子や分子のことはあまりわかっていない時期だから，いまの物理化学者に近い人たちは，内部のつくりなど知らないまま，ものの性質を調べていました．ものの"見た目"にとらわれず，性質を定量的につかもうとした人たちの営みが，"熱力学"の誕生と確立につながったのです．

　熱力学（thermodynamics）では，エネルギーとその相互変換を調べます．原点は，蒸気機関の効率を上げようとする技術者や物理学者の営みでした．1ポンドの石炭から(電池の発明以後は1ポンドの亜鉛から)，できるだけ多くの動力をとり出そう…と彼らは頭を振り絞ったのです．

　彼らが見つけたことは，ほどなく化学に輸入され，"エネルギー変換"をはるかに超える視点で，化学反応を解き明かす武器になりました．化学反応の解剖にものすごく役立つなどと，先駆者たちは思いもしなかったのでしょうけれど．

　考察のコアにエネルギーを置くのは，いまの化学熱力学も同じです．けれど，ただエネルギーの量や増減，移り変わりだけではなく，目に見える"マクロ物質"のいろいろな性質どうしが，意外な形で関連しあっていることも浮き彫りにします．つまり，ある性質を測って値を決めれば，熱力学の理論をもとに，測りにくい性質や，そもそも測りようのない性質の値もわかるというわけです．

ふつう熱力学の法則は四つに分けて，やや安直に 0, 1, 2, 3 と番号を振ります．以下，宇宙の中で注目する部分を**系**（system）とよびましょう．第ゼロ法則は温度にからみ，"熱平衡にある二つの系は温度が等しい．系 A と B，系 B と C が熱平衡にあれば，B と C も熱平衡にある" と言い表せます．どんな物質の性質も温度と深くかかわりますが，化学で "温度とは何か" をきびしく問う場面は少ないため，これ以上の深入りはしません（温度の大切さには 3 章，p. 40 で少し触れましょう）．

第一法則は，自然科学のコアをなす "エネルギー保存" にからみます．続く第二法則は，"エントロピー" を手がかりに，物理変化や化学変化の向きを教えてくれる．また第三法則は，"どうやっても絶対零度には到達できない" という少々イライラさせる話．絶対零度（0 K）で進む化学変化はないので，物理化学との縁は浅そう…と思うのは早計です．物質の熱力学データを求めるときの基礎になるため，軽くみるわけにはいかない法則なのです．

先ほど触れた "ものが示す性質どうしの関連性" は通常，第二法則の守備範囲に入ります．本章の終わり近くで，わかりやすい例をひとつ紹介しましょう．

熱力学のうち純粋な "古典熱力学" は，章タイトルにも使った "マクロ世界" だけを扱います．ものの奥にひそむミクロ世界は関係ありません．原子や分子の実在を信じない読者も，信じたくない読者も，熱力学の達人になれるのです．ともかく古典熱力学で出合う理論式の類はみな，マクロ物質の（観測できる）性質を表し，ミクロ世界の原子や分子とはいっさい縁がありません．

けれど，目隠しを外して原子・分子のふるまいを見つめれば，マクロな性質を生む根源も，性質どうしの関連性も，ぐっと深いところでつかめます．マクロ世界とミクロ世界を橋渡しするのが，呼び名はやや硬い**統計熱力学**（statistical thermodynamics）という分野（3 章のテーマ）です．

本章では，物理化学の中で熱力学が果たす役目をご紹介します．むろん熱力学は，源流だった技術分野や物理学でも，いまなお必須の知識です．また熱力学では，ものの性質や，性質どうしの関連性を表す数式を多用し

がちなのですが，なるべく言葉だけで要点をお伝えしましょう．

🍀 第 一 法 則

　熱力学第一法則は，"エネルギーは生成も消滅もしない"という**エネルギー保存則**（law of the conservation of energy）を，物理化学ふうに述べたものだとお考えください．エネルギー保存則は，ニュートンが確立した力学（古典力学）でもコアでした．ただし古典力学とはちがい，熱の形で移動するエネルギーも主役になるのが，熱力学らしいところです．

　第一法則では，世界全体（宇宙）のうち，注目する部分（系）の**内部エネルギー**（internal energy）Uを考えます．Uは"系がもつ総エネルギー"のことですが，ふつうは，外力が起こす系全体の運動（地球の自転・公転，太陽系を含む銀河の運動など）に伴うエネルギーは，Uに含めません．

　19世紀の中ごろに英国のジュール（James Joule, 1818～89）が，系に外から仕事をしても，系を熱しても，内部エネルギーは変わると示しました．仕事とは，ニュートン力学に発する考えかたで，"外力に逆らって動くこと"だと考えましょう．かたや熱のほうは，熱力学に特有の考えかたで，"温度差のある2点間を移動するエネルギー"をいいます．

　ずいぶん古くから，エネルギー（熱など）を加えずに仕事を生み続ける"永久運動機械（永久機関）"の発表が後を絶ちません．純粋な探求心の"成果"というよりは，金儲けとか詐欺の類でしたが，ことごとく失敗に終わりました．そのことが教える事実，**"外界から切り離された系（孤立系）の内部エネルギーは変わらない"**が，熱力学第一法則の一表現になります．

　ひとつ注意しておきましょう．ある系が"エネルギーをもっている"とはいえても，"仕事をもっている"や"熱をもっている"とはいえません．仕事も熱も，"系と外界の間を行き来するエネルギーの表れ"にすぎないからです．

　仕事とは，"質量をもち上げるのに等価なエネルギー移動の形"だと考えましょう．かたや熱とは，"温度差が生むエネルギー移動の形"です（図5）．ある系が"熱い"とは，系が"大量の熱をもっている"という意味

ではありません．蓄えているエネルギーが多い（ので温度が高い）という意味なのです．

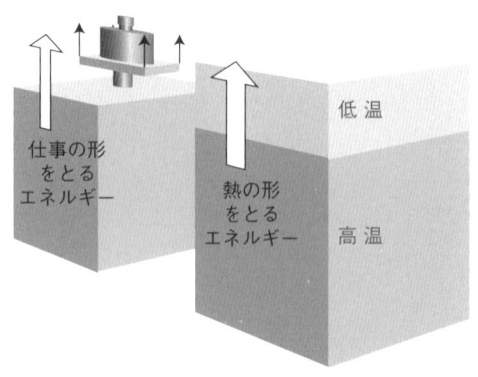

図5 仕事は，質量をもち上げるのに等価なエネルギー移動の形．熱は，温度差が生むエネルギー移動の形．どちらも系の内部エネルギーを変える．

実用上の理由があって物理化学では通常，内部エネルギーよりも，よく似てはいても明確にちがう**エンタルピー**（enthalpy）Hに注目します．エンタルピーという用語は"内部に含まれる熱"という意味のギリシャ語からできました．系が"熱を含む"わけではないものの，すぐ下でおわかりのとおり，なかなか気の利いた命名でした．

"言葉だけで説明する"方針を少しだけ踏み外し，式をひとつ使わせてください．系の内部エネルギーがUのとき，エンタルピーHは，圧力pと体積Vの積pVをUに足した$H=U+pV$の形に書けます．

エンタルピーというものを考える理由は，圧力一定のとき，系から熱の形でとり出せるエネルギーはエンタルピーHの変化分に等しい，という点にあります．たいていの化学反応は圧力一定のもとで進むため，発熱量（や吸熱量）を表すのは，UではなくHの変化分なのです（それが"実際上の理由"）．たとえば，ある系が何か変化（化学変化など）をした結果，系のHが100ジュールだけ減るとしましょう．すると，圧力一定のもとで変化

させれば，熱の形で 100 ジュールのエネルギーをとり出せるのです．

　化学向けに仕立て直した熱力学つまり"化学熱力学"は，もっぱらエンタルピー変化と発熱量の関係を扱います．とりわけ，化学反応に伴う熱の出入りを調べるのが**熱化学**（thermochemistry）という分野．ガソリンなどを燃やしたときの発熱量だけでなく，体内でエネルギー源になる食物も対象です．**生体エネルギー学**（bioenergetics）とよぶその分野は，"生化学に特化した熱化学"だとお考えください．

　熱化学の大事な実験道具が**熱量計**（calorimeter）です．基本は"温度計を挿したバケツ"ですけれど，ほかの科学機器と同じく改良・洗練を経た結果，いまや制御にも解析にもコンピュータを使う高精度の装置になっています．

　粗っぽくいえば熱量計は，バケツの中で反応を進ませたとき，温度がいくら上がるかを測ります．温度の上昇分（まれには下降分）を測り，基準になる反応の発熱量や，ヒーターで加熱したときの昇温と比べれば，注目する反応の発熱量が計算できるのです．

　大気に開放された（圧力一定の）熱量計なら，発熱量は，反応系のエンタルピー変化にほかなりません．反応容器が密閉型だと，反応が進むにつれて内圧が変わるため，発熱量も開放型とはちがいます．けれど熱力学の理論を使えば，密閉系での発熱量から，開放系にしたときの発熱量（つまりエンタルピー変化）がわかるのです．

　ある反応の発熱量（や吸熱量）を知りたいとしましょう．その反応は，どうあがいても現実に起こせないかもしれない（たとえば炭と水からブドウ糖をつくる，など）．しかし幸い，第一法則を使えば，わかっている別の熱測定データを組み合わせ，知りたい発熱量がわかります．第一法則によると，物質をどんな道筋で変化させても，最初と最後の状態が同じなら，発熱量は等しいからです．ちょうど，登山ルートが何本かあるとき，どのルートを通っても（目標地点より高い峰まで登り，そのあと下って着いたとしても），最終の高低差には変わりがないのと同じですね．

　もし道筋ごとにエンタルピー変化量がちがうなら，うまい工夫をすると，エネルギーをいくらでも"生み出せる"仕掛け（第一種永久機関）が

できるでしょう．たとえば，ある化合物を別の化合物に変えたあと，再び最初の化合物に戻せば，エネルギー（エンタルピー）の差がとり出せるはずですね．そんなことはできない（第一種永久機関はつくれない）というのも，第一法則の表現だと思ってかまいません．

　エンタルピー変化は道筋によらない．たとえば，反応 A→B と B→C のエンタルピー変化がわかっているとき，足しあわせると反応 A→C のエンタルピー変化になる…という点に注目して，物理化学者は，どんな反応のエンタルピー変化も計算できるよう，データ（化合物の標準生成エンタルピーなど）を整備してきました．

　蛇足をひとつ．物理化学ではよく，具体的な反応を書かず，いまのような一般形の反応を扱います．そのせいで，ときには無機化学や有機化学の人たちが物理化学者に白い目を向ける．反応 A, B, C…という形に書けば，なるほど一般性はあるだろうけど，具体的な反応を知らないから逃げているんだろう…というわけです．たしかに，そういう物理化学者もいないわけではありませんが．

　20 世紀に入ってだいぶたち，物理化学の形が整ってきたころの研究者は，まず，反応物中で切れる結合と，生成物中で生まれる結合に注目し，エンタルピー変化を見積もりました．たとえば，反応 A→B が結合切断，B→C が結合生成なら，わかっている結合の強さをもとに，それぞれのエンタルピー変化を計算したのです．

　そのやりかたは，経験則として役立つことも多い半面，たいへん不正確な結果になることもあります．なぜかといえば，同じ原子どうしの結合も，分子内のどこにどんな原子があるかで，強さが微妙に変わるからです．

　計算化学の出番はそこにあります．生成物と反応物のエネルギー差は，とりわけ真空中の孤立分子なら，いまや苦もなく計算できるし，エネルギー差をエンタルピー変化に換算するのもむずかしくありません．液体と液体の反応や，溶液中で進む反応だと，計算の信頼度もまだ低いため，その改善に向けた努力が続いています．

　エンタルピーは，蒸発や凝固など状態変化（5 章）のありさまをつかむにも，第二法則（次節）を理解するにも欠かせません．

第 二 法 則

　化学に熱力学を使うとき，最大の武器になるのが第二法則です．化学反応の進みをつかむにも，生体内の現象を考えるにも，化学の産業応用を考えるにも，第二法則が基礎になります．第二法則の表現はいろいろだから，第二法則だとは見抜きにくい場面も多いのですが．

　第一法則は，エネルギーの量の面から，"起きてよい変化"を制限するものでした．やりとりするエネルギーは熱でも仕事でも（両方でも）よいけれど，エネルギーの総量が変わってしまうような変化はありえない，というわけですね．

　かたや第二法則は，"起きてよい変化"のうちから，自発的に（自然に）進む変化を指し示すルールだといえます．日常語の"自発的"は"他人に言われなくても"の意味合いですが，物理化学では，**外から仕事をされなくても**を意味します．ただし"自発的"とはいっても，変化が速いとはかぎらないし，そもそも起こるとはかぎりません．

　自発変化にも，たいへん遅いものや，まったく進まないものがあるのです．ともかく"自発"とは，**"もし進むならその向きに"**というだけの話．わかりやすい例が，ダイヤモンドと黒鉛（グラファイト）の関係でしょう．熱力学で考えると"ダイヤモンド→黒鉛"は自発変化なのですが，速さが事実上ゼロだから，キラキラ輝くダイヤモンドがボロボロの黒鉛になってしまうのでは…と心配するには及びません．

　むろん"速い自発変化"はたくさんあって，例のひとつが，真空に向けた気体の膨張です．その逆（気体の収縮）は自発変化ではないため，収縮させたければ，たとえばピストンを押してやる（外から仕事をする）必要があります．

　要するに，第一法則は変化の"可能性"を教え，第二法則は，"可能な変化"のどちら向きが自発変化かを教えるのです．

　自発変化とは，ひとことでいうと，**エントロピー**（entropy）が増える向きの変化をいいます．エントロピー（記号 S）は，"エネルギーの質"を表す量として提案されました．エントロピーが小さいほどエネルギーの

質は高く，エントロピーが大きいほどエネルギーの質は低い，といえます．

エントロピーという呼び名は，ギリシャ語の *tropos*（動き）に接頭語 en-（中へ，中に）をつけたもので，"内側に向かう動き"や"内に秘めたる変化の力"を意味します．両者は意味が微妙にずれていますが，それはともかく歴史上，"エントロピーが増せばエネルギーは広く分散し，仕事に使いにくくなって質が下がる"というふうに定義されました．

ふつうエントロピーは，"乱雑さの度合い"と解釈されます．エネルギー（熱など）が広い範囲に散らばってしまうのも，気体が空間に向けて広がるのも（図6），エントロピーが増える変化です．そのことを覚えておきましょう．

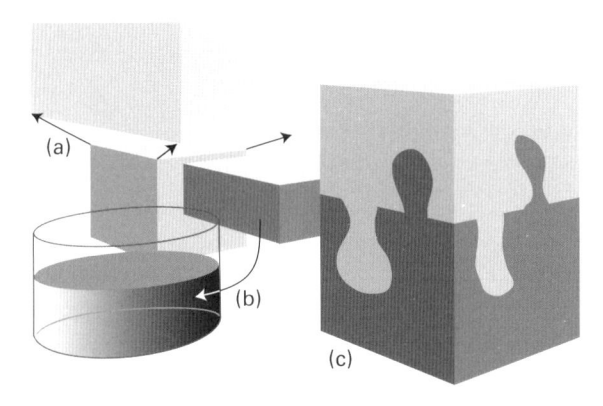

図6 エントロピーは"乱雑さ"の尺度．(a) 気体の膨張，(b) 固体の融解，(c) 物質の混合は，みなエントロピー増加を伴う．

エントロピーがいくら変わるのか表す式を，1854年にドイツの物理学者クラウジウス（Rudolph Clausius, 1822〜88）が発表しました．言葉でいうと，ある現象が進むとき，熱の形でじわじわ移動するエネルギーを，そのときの絶対温度で割った値が，エントロピー変化になります．たとえば，ビーカーに入れた20℃（293 K）の水に100ジュール（J）の熱を移せば，水のエントロピーは，100 J ÷ 293 K = 0.34 J K^{-1}（1ケルビンあたり0.34ジュール）だけ増えるのです．

クラウジウスに少し遅れて，同じドイツの物理学者ボルツマン（Ludwig

Boltzmann, 1844〜1906) も, エントロピーの定義を発表します. 見た目は大根とニンジンくらいちがうのですが, 意味するものは同じだし, エントロピーの素顔にぐっと迫る定義でした. ボルツマンの定義は3章で紹介しましょう.

クラウジウスの式を手がかりに, さまざまな物質のエントロピーが求められてきました (その手続きには, あとで説明するとおり, 第三法則の助けを借りるのが絶対). 物質のエントロピー値から, "反応物→生成物"のエントロピー変化がわかり, ひいては, その反応が自発変化かどうかわかるのです (ただし, 先ほども言ったとおり, 自発変化が現実に進むとはかぎりません. "進むならその向き"というだけの話. くれぐれも注意してください).

エントロピーの物語は, 物理学者 (いまの例ではクラウジウス) の成果が化学に大きな恵みをくれた好例のひとつです. なにしろ, 反応がどの向きに進むのかは, 化学全体に通じる問題ですから. また, そういう物理と化学の交流を扱うのが, 本書のテーマ (物理化学) にほかなりません.

自由エネルギー

ひとつ大事なことを, まだお話ししていません. 化学熱力学の教科書に必ず書いてあるとおり, 変化の向きを決めるのは, 系 (たとえば反応混合物) と外界を合わせた"宇宙の総エントロピー変化"です. そして, 自発変化は, **宇宙の総エントロピーが増す向き**に進みます. 系のエントロピー変化は, データ集をあたればわかる. でも, 外界のエントロピー変化は, いったいどうやって求めるのか?

ここで, 準主役ともいえるエンタルピーが再登場します. ある反応のエンタルピー変化がわかっているとしましょう. その反応が圧力一定のもとで進むとき, 熱の形で外界とやりとりされるエネルギーが, エンタルピー H でした. H の変化量を反応温度で割ったものが, 外界のエントロピー変化だということになります.

たとえば, ある反応を 25°C (298 K) で進めたとき, 系のエンタルピー

が100ジュールだけ減ったとしましょう．100ジュールが熱の形で系から外界に移るので，100を298で割り，外界のエントロピーは1ケルビンあたり0.34ジュール（0.34 J K^{-1}）増えますね．するとつぎに，系のエントロピー変化と外界のエントロピー変化を足し，総エントロピー変化が正（自発変化）なのか負（非自発変化）なのかを調べればいいのです．

ただし，系と外界のエントロピー変化をいちいち個別に見積もるのは，賢いやりかたとはいえません．ここでもまた，物理学者がスマートな方法を見つけてくれました．米国のギブズ（Josiah Gibbs, 1839～1903）です．彼は1870年代，熱力学に化学向けの手入れをし，"化学熱力学"の舞台を整えたのです．つまり物理化学は，またもや物理学が用意したジャンプ台を使い，遠くまで飛べたことになります．

ギブズは気づきました．圧力と温度が一定なら，系のエントロピー変化と外界のエントロピー変化の和がどうなるかは，"系だけの性質"を表す量1個の変化からわかるぞ，と．その量をいま私たちは，ギブズエネルギー（記号 G）とよんでいます．一見したところ"系だけの性質"を表す量に見えながら，じつは外界のエントロピー変化も考えてある量…それが**ギブズエネルギー**（Gibbs energy）G でした．

先述のようにエンタルピー H は，内部エネルギー U に pV を足した量です（$H = U + pV$）．それと似た趣でギブズエネルギー G は，エンタルピーから"絶対温度×エントロピー"を引いた姿をしています（$G = H - TS$）．たとえば，20℃（293 K）の水100 mLがもつエントロピーは1ケルビンあたり0.338キロジュール（0.338 kJ K^{-1}）なので，その水のギブズエネルギーは，エンタルピーより99キロジュール（$= 0.338$ kJ K$^{-1} \times 293$ K）だけ小さいことになります．

ただし，変化の向きを考えるとき，G の絶対値はさほど大事ではありません．ずっと大事なのが，"G の変化分"と自発変化の関係です．定義の式（$G = H - TS$）を分析すれば，圧力と温度が一定のとき，**自発変化ではギブズエネルギーが減る**ことになります．つまり，"系のギブズエネルギーがどうなるか"をあたるだけで，どちらの向きが自発変化なのかがわかるのです．

そうなると，変化の向きをつかむには，物質のエンタルピーやエントロピーの情報を含むひとつの量，ギブズエネルギー G のデータ（標準生成ギブズエネルギーなど）を整えさえすればいいことになります．G のデータを使い，ある反応で G がどう変わるか（とりわけ変化の符号がどうなるか）を調べます．たとえば，G が負になる向きの化学反応なら，自発変化だといえますので（図 7）．

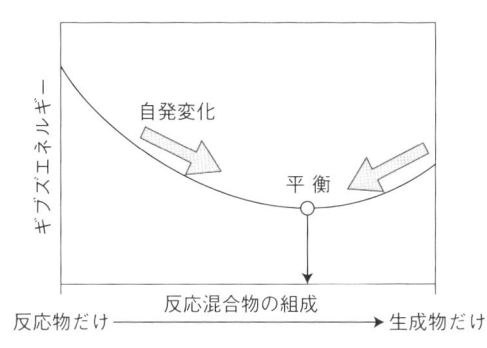

図 7 自発変化は，ギブズエネルギー G が減る向きに進む．G が最小になったとき，正味の変化は進まない（平衡状態）．

もうひとつ大事な補足をしておきましょう．自発変化は，ニュートンのリンゴが落ちるのに似て，ある量が"減る"向きとみるのが自然ですね．いまの場合，減るのはギブズエネルギー G ですけれど，じつのところ G は，"仮面をかぶった宇宙の総エントロピー"といえるものでした．

先ほども言ったとおり，自発変化は総エントロピーが"増す"向きになります．かたやギブズは，"温度・圧力一定"という制約つきではあるものの，系だけの性質つまり"系のギブズエネルギー"の"減る"向きが，総エントロピーの"増す"向きになる，ということを化学者に教えたのです．"リンゴの落下"の物理化学版だといえましょう．

ギブズエネルギーのデータは，もうひとつ，たいへん大事なことにからみます．反応が止まったように見える**化学平衡**（chemical equilibrium）の解剖です．反応混合物が平衡に達すると，右向きの反応も左向きの反応も，自発変化ではなくなる．つまり平衡組成に達すると，生成物を生む変

化も，反応物に戻る変化も，ギブズエネルギー G を減らさない．G が最小になっているため，どちら向きの変化も G を増やすのですね．

つまり平衡組成をつかみたいなら，G が最小になる組成を見つければいいのです．物質の G データが手元にあれば，どんな温度で進めるどんな反応の平衡組成も，G データから計算できます．

平衡組成を計算できるということは，とりわけ化学産業にとって，意義は計り知れません．たとえば，生成物がほとんどできそうもない反応を進めようとして，大規模なプラントを建設するのは無駄ですね．また産業なら，投資に見合うのが絶対なので，生成物ができるだけ多くなる温度・圧力の条件を見つけたい．そういう場面で，ギブズエネルギー G のデータが大いに役立つのです．

第二法則の話を切り上げるにあたり，節のタイトルにした"自由エネルギー"という用語の意味を考えましょう．関連で，工業製品や生体反応と第二法則のかかわりにも少しだけ触れておきます．

化学反応がする仕事には 2 種類あります．ひとつは，反応で生じた気体が大気を押しながら広がるときにする仕事（ピストンつき容器内の反応なら，ピストンを押し出す）．それを"膨張仕事"といいますが，じつのところ化学反応は，ほかの仕事もできるのです．

物質のどれかが出す電子を電気回路に送りこめば，モーターを回したりできますね．そんな仕事を"非膨張仕事"といいます．そして肝心なのは，温度・圧力一定のもと，系のギブズエネルギー G の減少量が，化学反応がする非膨張仕事の最大値にぴったり等しいという事実です．つまり G（の変化分）は，人間が"意のままに（自由に）使える"エネルギーだから，"自由エネルギー"ともよびます．たとえば，反応が進んだとき G が 100 ジュールだけ減るなら，最大で 100 ジュールの非膨張仕事をとり出せることになるのです．

いま紹介したのは電気的仕事です．つまり熱力学は**電気化学**（electrochemistry）と密接にリンクしています．電気化学の知恵を使い，自発的な化学反応から電気エネルギーをとり出すのが，おなじみの電池や燃料電池だというわけです（くわしくは 6 章，p. 91）．

熱力学はもうひとつ，生命の営みとも密接にリンクします．たとえば，アミノ酸からタンパク質をつくる非膨張仕事も，特別な化学反応が出すギブズエネルギーを使って進むのですから，体内のエンタルピー変化（熱の出入り）は体温の維持などに関係しますが，ギブズエネルギー変化は，生命の存在そのものにかかわる深いことまで教えます．物理化学は，そうした面で，生化学や生物学一般とのリンクを深めてきました．

第三法則

　ここまでにひとつ，わざと言わなかったことがあります．第二法則のココロをお伝えするなか，脇道や雑音になりそうだから触れませんでした．何かといえば，エントロピー値の決めかたです．エントロピー変化は，試料に加えた熱と，そのときの温度からわかる，とさっき言いました．でもそれは，エントロピーの**変化量**（change）にすぎません．変化量にする前の値，つまりエントロピーの絶対値は，豊かな情報を含むはずですが，どうやったらわかるのでしょう？

　そこを助けるのが第三法則です．第一法則や第二法則と同様，第三法則もいろいろな形に表現されてきました．観測事実を述べた文章もあるし，内部エネルギーやエンタルピーなど熱力学の量を使って書いた高級な式もあります．ここでは本書の精神どおり，言葉の表現を紹介しておきましょう．ひとつはこう——

- 有限回の操作で絶対零度には到達できない．

　極低温を目指す低温物理学の分野にはぴったりの表現でしょうけれど，化学分野ではいまいちピンときません．見た目はずいぶんちがうのに意味は同じなのですが（あとでご説明），物理化学にぴったりの表現はこうなります．

- どんな完全結晶も，絶対零度ではエントロピーが等しい．

　便宜上（また，3章に述べる理由で），その"等しい値"は0とみなし

ます.

　これが，物質の絶対エントロピー（第三法則エントロピー）を決める出発点です．ある物質の絶対温度を 0 K にぎりぎり近づけ，試料に少し熱を与える．すると温度が少し上がる．また同様に熱を測る…という操作をくり返し，"熱÷絶対温度"の計算値を足しあわせると，ある温度（たとえば 25 °C = 298 K）で物質のもつエントロピー S がわかります．

　その値は，ある温度と絶対零度でのエントロピー"差"なのですが，絶対零度でのエントロピーは 0 とみるため（第三法則），S の絶対値だといえるのです．

　こんなふうに物理化学では，第三法則を使って物質の絶対エントロピーを求め，さらにはギブズエネルギーをはじき出す．そこが化学熱力学の心臓部だとはいえ，何か深い意味があるというよりは，うるさい手続きにすぎないとお感じの読者もいるでしょう．でもじつのところ，そうではありません．第三法則は，見た目より深い意味をもつのです．その紹介は 3 章の楽しみにとっておきます．

性質どうしの関連性

　熱力学は，物質のさまざまな性質が意外な形で関連しあっていることも浮き彫りにする，と本章の初めに書きました．エネルギー変換にからむ性質だけとはかぎりませんが，要するに，熱力学を手がかりにして性質あれこれの測定値を組み合わせ，測定しにくい性質（または，もともと測定できない性質）の値を求めるという話です．

　この話は，どう書こうかとだいぶ迷いました．私としては数式を使いたくない．読者としても，性質どうしの関連などにさほど興味はないだろうし，実測できない性質の値がわかるとしてそれがどうした，という感じでしょうから．そこでただひとつ，おおかたの読者もご存じの性質，かつては"比熱"とよんだ熱容量だけをとり上げましょう．

　まず熱容量 C とは，物質の温度を 1 °C（= 1 K）上げるのに必要な熱でした．たとえば水 100 mL に熱の形で 100 ジュール（J）のエネルギーを

与えると，水温が 0.24 ℃ 上がる．すると熱容量は，100 J を 0.24 ℃ で割った答えの約 420（単位は J K^{-1}）です．

ただし熱容量には，少々やっかいな点があります（物理化学者は，こまかい点にこだわるのです）．ビーカーのような開放型容器に入れた水なら，熱をもらって温まると膨張します．膨張のとき "大気を押す仕事" をするため，もらった熱の一部は膨張仕事に使われてしまい，水のもらう "分け前" が減るはずですね．

かたや，同じ 100 mL でも，頑丈な容器に閉じこめた水ならどうか？やはり同じ 100 J のエネルギーを，熱の形で与えます．さっきとちがって水は膨張できないから（膨張仕事＝0），100 ジュールはまるごと水がもらう．すると水温は 0.24 ℃ より大きく上がり，割り算（熱÷温度変化）の分母が大きくなるため，開放型のときより熱容量は小さいはずです．

つまり，きちんとした話をするには，圧力一定（膨張できるとき）の熱容量なのか，体積一定（膨張できないとき）の熱容量なのか，区別しなければいけません（あらゆることに目を配り，正確に計算するのが熱力学の命）．前者の "定圧熱容量" C_p と，後者の "定積熱容量" C_V には，むろん差があります．

その差がいくらになるかを教えるのが熱力学（第一・第二法則のセット）です．C_p と C_V を結ぶ式は，圧縮率（体積の圧力変化）と膨張率（体積の温度変化）を含む複雑なものだから書きませんが，ともかく，まったく別個の測定でわかる圧縮率と膨張率を使い，C_p と C_V を結びつける式が書けるのです．

特別な場合には，ずいぶん簡単な式になります．特別な場合とは，4 章でくわしくご紹介する理想気体（完全気体）です．理想気体の C_p と C_V は，分子数 N と，3 章で出会う基礎物理定数のボルツマン定数 k を使って $C_p - C_V = Nk$ と書けて，Nk は正値だから，思ったとおり $C_p > C_V$ となるわけですね．

いまご紹介した熱容量の話は，頭の体操としては単純すぎるし，さほど心に響くものでもありません．とはいえ，熱力学の法則（マクロ世界の性質を結ぶ法則）を使い，性質どうしの関連を浮き彫りにすることの一端

は，おわかりいただけたでしょう．

先端テーマ

　もともと熱力学は，目に見える物質が対象でした．近ごろは，"目に見える"といってよいかどうか微妙な物質に注目が集まります．ミクロ世界とマクロ世界の中間にあるナノ物質や，ミクロ構造をもとに絶妙な機能を発揮する生体物質です．

　また，熱力学のうちには，提唱されてからまだ画期的な進歩がない（と私は思う）"不可逆過程の熱力学"という分野があります．問題になるのは，平衡にない系が示す"エネルギー散逸"や"エントロピー生成"の速さです．いずれは何か画期的な発見があって，熱力学"第五法則"のようなものが見つかるかもしれません．

3章 ミクロとマクロの橋渡し

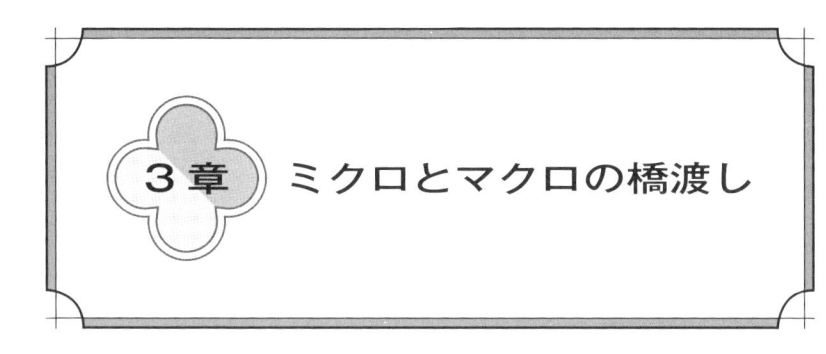

　1章では物質をつくっているミクロ世界を探り，量子力学に従う原子や分子の素顔に触れました．また2章では，目に見える物質の性質を対象に，原子や分子と関係なく成り立つ古典熱力学で，マクロ世界を解剖しました．むろんマクロ世界が示す性質の背後には，ミクロ世界のふるまいがあります．そして二つを橋渡しするのが，**統計熱力学**（statistical thermodynamics）や**統計力学**（statistical mechanics）という分野です．

　なんとも硬い名前を目にして，その"橋"はとてつもなく長いのでは…と身構える読者もおられましょう．たしかに統計熱力学は，名前のとおり数学まみれの分野です．ただそうはいっても自然科学の本道では，ミクロ世界の出来事がマクロ世界の性質にどうつながるのか——そこをしっかりつかむのが欠かせません．

　統計熱力学を避けて通るのは，物理化学の心臓部に目をそむけるのと同じです．本章の話も，ほぼ言葉だけでご説明しますが，背後には厳密かつ豊かな数学の世界が広がっているとご了解ください．

　数学まみれの統計熱力学を，ほぼ数式なしでお伝えしようというわけですから，幸いなことに（？），本章は長くありません．読まずにすすむのもご自由ですけれど，そのときは，物理化学のココロというか，ものの本質に切りこむやりかたを学ぶことなく，本書を読み終えることになってしまいます．

　統計熱力学のポイントは何か？　目に見える試料（マクロ世界）の性質

を，成分粒子（原子・分子など．以下まとめて"分子"）の**平均的なふるまい**（average behavior）と結びつけるところにあります．分子1個1個のふるまいを追うわけではありません（そもそも，追えるものではありませんし）．大きな集団の場合，個人個人の行動を追わなくても，社会状況がつかめるのと同じでしょう．

分子1個1個のふるまいには，個人の行動と同じく，それぞれ個性があります．けれど，おびただしい数の分子が集まった試料の性質は，分子の個性や"ばらつき"を超えたものになってしまうのです．

たとえば気体の圧力を見積もる場合，分子1個1個が容器の壁にぶつかって及ぼす衝撃を個別に扱うことはしません．普通サイズの気体なら，1兆個の1兆倍もの分子を含むため，"衝撃の平均値"だけを考えます．1個1個のふるまいは，衝撃の平均値をごくわずか増減させるにすぎません．

ボルツマン分布

統計熱力学から出てくる結論のうち，物理化学の命ともいえるものがひとつあります．化学反応を含め，物質が示すさまざまな性質の背後にひそみ，やや難解な"温度"という性質も浮き彫りにする結論です．本章の"おみやげ"をひとつだけ選ぶなら，それしかありません．

ミクロ世界を量子力学で読み解いた結果，分子のエネルギーは，決まった飛び飛びの値しかとれないとわかりました．そのことを，分子のエネルギーが"量子化"されている，といいます．

絶対零度なら，どの分子も，最低エネルギーの"基底状態"を占めるしか道はありません．以下，分子がとれるエネルギーの値を，"準位"とよびましょう（決まった原子や分子の中にいる電子なら，各準位に2個しか入れないのですが，いま考えている分子集団だと，その制約はありません）．絶対零度より高い温度（たとえば室温）では，一部の分子が熱をもらって高い準位に上がる結果，分子はいろいろな準位に分布します．そのとき準位ごとの分子数は，最低準位がいちばん多く，高い準位ほど少なくなっていくのです．

3章 ミクロとマクロの橋渡し

絶対零度でないかぎり分子たちは，衝突などを通じていつもエネルギーをやりとりし，それが"エネルギー分布"に"ゆらぎ"を生みます．分子どうしがぶつかれば，一方は速くなり，他方は遅くなりますね．速いほど運動エネルギーが大きいため，ある分子1個に注目すると，占めるエネルギー準位が目まぐるしく変わり続けることになります．

分子1個のエネルギーがどう変わるかを，追いかけるわけにはいきません．けれど，おびただしい分子の集団なら，いちばん確率の高いエネルギー分布はわかり，その分布を**ボルツマン分布**（Boltzmann distribution）といいます．

身近なものでたとえましょう．部屋に本箱があるとして，棚の1段1段をエネルギーの準位とみます．本を何冊も，少し遠くから目をつぶって本箱に投げ入れたとき，できる"分布"（どの段に何冊の本が入るか）を考えます．どの段にも同数ずつ入る可能性はありますが，そうなる確率は（ゼロではないにせよ）たいへん低いはずです．

本の半数が最下段に，残る半数が最上段に入る（ほかの段には1冊たりと入らない）こともありえます．その確率も低いけれど，どの段にも同数ずつ入る確率よりは高いはず（本が100冊，棚が10段なら，2×10^{63} 倍！も高い）．そういう"本投げ"をくり返したとき，投げるたびに分布は変わりますが，出現確率のいちばん高い分布があるでしょう．

それと似て，ミクロ世界の場合は，出現確率のいちばん高い分布がボルツマン分布なのです．

補足 話を簡単化するため，ひとつ肝心なことに触れなかった．分布が決まると総エネルギーも決まる．ふつう系の総エネルギーは決まっているから，総エネルギーが変わってしまうような分布はありえない．そのため，絶対零度（や超高温）でないかぎり，"本がみな最下段（や最上段）に入る"ような分布は除く．分布のありさまは，物理化学の理論が決める．■

ボルツマン分布という呼び名は，統計熱力学の草分けだったドイツの物理学者ボルツマン（Ludwig Boltzmann，1844〜1906）にちなみます．また恐る恐る，数式をひとつ使わせていただくなら，エネルギーが E，絶対温度が T のとき，基礎物理定数のひとつ"ボルツマン定数" k を使って，

$e^{-E/kT}$ と書ける分布です．マイナス E の指数関数だから，準位 E を占める確率は，E が増すにつれて激減します．だから通常，分子の大部分は低い準位を占め，ごく少数だけが高い準位を占めるのです．

補足 ボルツマン分布を別の形にも書いておく．温度 T で，エネルギー E_1 と E_2 の2準位を占める分子の数（N_1 個，N_2 個）は，$N_2/N_1 = e^{-(E_2-E_1)/kT}$ に従う．■

指数関数が実質的にどこまで"裾を引く"かは，つまり分布の"形"は，温度 T の値で決まります（図8）．T の小さい低温では，E とともに $e^{-E/kT}$ が激しく減っていくため，分子の大半が（絶対零度なら全部が）最低の準位にある．T の大きい高温だと，E 値に応じた $e^{-E/kT}$ の減りかたがゆっくりになるため，高い準位を占める分子も増える（現実にありえない $T = \infty$ なら，分子はどの準位も等分に占める）わけです．

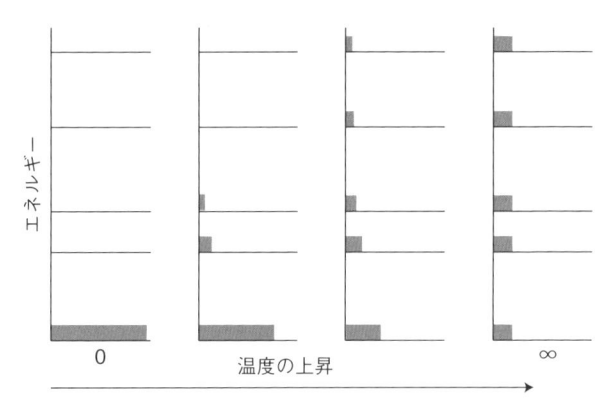

図8 ボルツマン分布と温度の関係．水平線は分子がとれるエネルギー準位．■ の長さは，それぞれの温度で各準位を占める分子の相対的な数を表す．

そのことが，温度の本質をうかがわせます．2章で少し触れた熱力学第ゼロ法則をボルツマン流に表現すると，**温度とは，エネルギーの高い準位から低い準位までに，分子集団がどう分布するかを決める性質**なのです．またボルツマンの着眼は，熱力学第一・第二・第三法則を，分子レベルでつかむ基礎にもなりました．

その説明は次節に回し，熱力学をやや外れた話とボルツマン分布の関係に，ざっと触れておきましょう．物質の"安定性"と"反応性"にからむ話です．温度がほどほどの値（たとえば常温）なら，分子の大半はエネルギーの低い準位を占めます．エネルギーが低ければ安定なので，身近な分子も固体も，変身の気配を見せません．温度を上げると，分子の一部が高い（不安定な）準位に上がるため，反応しやすくなるのですね．

だからこそ化学反応は，高温ほど速く進みます．たとえば調理のとき加熱するのは，ボルツマン分布を高エネルギー側に動かすことにほかなりません．高い準位に上がり，変身したがる分子を増やすのです．ボルツマンは近視だったそうですが，同時代の誰よりも，ものごとを遠くまで見通せる人だったのでしょう．

分子の目で見る熱力学

統計熱力学の守備範囲は，むろんボルツマン分布だけではありません．豊かな話題が目白押しなのですが，何かに統計熱力学を使うとき，たいていはボルツマン分布が顔を出します．以下，ミクロ世界の分子構造データ（結合の長さ，強さなど）と，マクロ世界の熱力学的性質とのリンクを調べましょう．いわば熱力学と分光学との出合いです．

熱力学で使うコア概念のひとつ，第一法則の主役になる内部エネルギー U とは，系の総エネルギーでした（2章）．古典熱力学では，分子など考えずに内部エネルギーを扱います．かたやミクロ世界なら，系を構成する分子がもつエネルギー準位と，準位それぞれを分子がどう占めているのかがわかれば，内部エネルギーは計算できますね．

分子が準位をどう占めるかは，むろんボルツマン分布に従います．また前者（分子がとれるエネルギー準位）は，分光学の測定（や計算）からわかるため，両方を合わせると内部エネルギーの値が計算できる．つまりそこに，分光学（や計算）と熱力学をつなぐ最初のリンクがあるわけです．

内部エネルギーは第一法則の主役ですが，ボルツマンは，エントロピー（第二法則の主役）を表すミクロ世界の式も提案しました（彼の墓石に彫っ

てあります）．その式とボルツマン分布を組み合わせれば，系のエントロピーを計算できます．

こうして統計熱力学は，内部エネルギー U とエントロピー S の両面で，マクロ世界とミクロ世界の橋渡しをしました．U と S がわかれば，どんな熱力学的性質も計算できます．こうして物理化学者は，ボルツマン分布を武器に，分光学データや量子力学計算の結果から，熱力学的性質を計算できるようになったのです．

> **補足** ボルツマンはエントロピー S を $S = k \ln W$ と定義した（k はボルツマン定数，W は分子がとれる状態の数）．■

ここまでに触れなかったことが1点，触れるタイミングを待っていたことが1点あります．まず，触れなかったのは，熱力学的性質をきちんと計算できるのは，分子それぞれがお互い無関係な運動をしているときにかぎるということです（理想気体に当てはまる状況）．

分子が相互作用（引きあいや反発）をしている系（液体が典型）の計算は，まだ完成したとはいえません．いちばん身近な液体の水でさえ，まだわからないことだらけです．物理化学者は昨今，考察と計算に膨大な時間を使いながら，相互作用をする分子集団の扱いに挑んでいます．

タイミングを待っていたのはずっと前向きな話，"変化の向き"にからむことです．エントロピーを定義したボルツマンの式は，エントロピーの本質に迫り，エントロピーを"乱雑さの度合い"とみる基礎でした．少なくとも化学では，そんなふうに考えます（"乱雑さ"という呼び名を，不正確だといって嫌う人もいますが）．

たとえば，絶対零度で完全結晶のエントロピーが0になるのは（p. 33，第三法則），位置の乱れがない（原子たちの位置がピシリと決まっている）からだと思えばよろしい．おまけに絶対零度なら，分子はみなエネルギー最低の準位にあるため，"熱的な乱れ"もありません．

温度とともに物質のエントロピーが増えるのは，エネルギーを得た分子が高い準位に上がるため，"ある分子の占める準位"がどんどん不確実になっていくからです．つまり，温度が上がるほど熱的な乱雑さが増す．ま

た，固体→液体の変化（融解）や液体→気体の変化（蒸発）といった状態変化でエントロピーが増えるのは，位置の乱雑さが増すからだと考えましょう（とりわけ蒸発は乱雑さを激しく増やす）．

自発変化は宇宙（系＋外界）の総エントロピーが増す向きに進む――それが，分子に関係なく正しい古典熱力学の結論でした（2章）．ボルツマンの目を借りて眺めると，"時間の矢"といってもよい自発変化の向きは，分子レベルの乱雑さが増す向きだということになります．

つまり宇宙は，どんどん乱雑になっていくのです．ただし，いくつかの出来事を巧みにからみあわせると，全体の質は落としながらも，部分部分ではたいへん精妙な（エントロピーが小さい）ものもつくれます．その代表が，読者や私自身の体を含めた，生き物のつくりや体内の営みだというわけです．

分子のふるまいと化学平衡

統計熱力学は，平衡混合物（平衡になった反応混合物）の組成をつかむのにも役立ちます．2章で説明したとおり，ふつう化学反応は完了の手前で平衡に達し，見た目の変化は止まってしまいます．右向き（正反応）も左向き（逆反応）もたえず進んではいるけれど，両向きの速さがぴったり同じだから，組成は変わらない．なぜそうなるのか？　分子のレベルで，化学平衡はどう考えればいいのでしょう？

平衡組成とは，系のギブズエネルギーが最小になる組成でした（2章）．つまり，温度・圧力が一定の平衡状態では，正・逆反応のどちらが進んでも，宇宙の総エントロピーを減らす"非自発変化"になります．さて，分子の構造データから物質のエントロピーを計算できる統計熱力学なら，平衡組成も，分光学測定や計算からわかる分子の構造データと関連づけられるはずですね．

化学反応はなぜ平衡に達するのか？　その分子レベルの理由も，統計熱力学が明るみに出しました．例によって物理化学らしく（p. 26），A→Bという一般的な反応を，統計熱力学の発想で扱いましょう．分子の構造

データを使うと、反応物Aについても生成物Bについてもエンタルピーとエントロピーを見積もれるため、ひいてはAとBのギブズエネルギーも計算できるのでした。

さて、反応物の分子Aはことごとく空間内にピン止めされ、最初からまったく動けないとします。それなら、分子Aが1個ずつ分子Bに変わるとき、系の総ギブズエネルギーは、"Aだけの値"から"Bだけの値"へとまっすぐ変わっていくはずです。

もし、BのギブズエネルギーがAより小さいなら、どうなるでしょう？ ギブズエネルギーは、"Bだけ"のとき最小になります。すると反応は完全に進み、Aがすっかり消えてしまうはず。けれど現実にそうはならず、途中のどこかで平衡に達するのです。

どこがまずかったのか？ 先ほどは、Aが固定されていると考えました。現実にはそうではなく、A→Bの変化が進む途上でAとBは入り混じります。つまり、反応のどんな段階でも、反応物Aと生成物Bの混合物になっているのです。

ちがう分子の混じりあいは、乱雑さを生みだします。つまり、反応系のエントロピー S が増えるのです（混合エントロピー）。また恐る恐る式を使えば、ギブズエネルギーは $G = H - TS$ と書けるため (p.30)、S が増す分だけ G は減りますね。混合エントロピーが最大になり、ギブズエネル

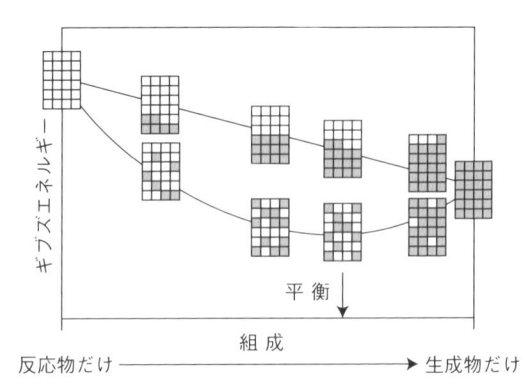

図9 反応の平衡組成を決める混合の効果。混合がないなら、反応は進みきる。反応物と生成物が混じりあう結果、両方が共存するどこかで平衡になる。

ギーをいちばん減らすのは，AとBが同数になったときです．

　要するに，AとBの混合を考えると，ギブズエネルギーは，純粋なAから純粋なBまでのどこかで最小になるでしょう．それが平衡状態にほかなりません（図9）．混じりあいがギブズエネルギーをいくら変えるかは計算できる．また，先にみたとおり，純粋なAとBのギブズエネルギー差は，構造データからわかる．つまり私たちは，統計熱力学を使い，分子の構造データから平衡組成も計算できるのです．

　温度や圧力などの条件が平衡組成をどう変えるかも，同じようにしてつかめます．2章で述べたとおり，平衡反応を前に進めて何かをつくる化学産業では（平衡に達しない反応のほうが多いのですが），条件をいじって望みの組成に近づけるのでした．統計熱力学は，ボルツマン分布の温度変化を手がかりに，たとえば温度を上げたら平衡が（望ましくない）反応物側に動くのか，（望ましい）生成物側に動くのかを教えます．

　そうした"平衡移動"については1884年，フランスの化学者ルシャトリエ（Henri Le Châtelier，1850〜1936）の提案した経験則があります．平衡になった系を外から乱す（温度や圧力，成分を変える）と，平衡は"乱れを減らす向き"に移動するというものです（平衡移動の原理）．たとえば，熱の形でエネルギーを出す"発熱反応"なら，温度を上げると，それを緩和するため，発熱が減る（反応物へ戻る）向きに進みます．かたや，熱の形でエネルギーを吸う"吸熱反応"なら，温度を上げると，それを緩和するため，生成物が増える向きに進むのです．

　20世紀の初め，ドイツの化学者ハーバー（Fritz Haber，1868〜1934）と化学技術者ボッシュ（Carl Bosch，1874〜1940）は，経済的に見合うアンモニア合成（くわしくは6章，p.82）の道を探っていました．そのときルシャトリエの原理が，ひとつ難題をつきつけます．アンモニアの生成は発熱反応だとわかっていたため，反応を速めようとして窒素と水素の混合物を熱すると，アンモニアの収量が減ってしまう．だから二人は，なるべく低い温度でアンモニア合成を促す触媒を探し，ついに見つけて工業化にこぎつけたのです．

　ルシャトリエの原理も，統計熱力学で解釈できます．圧力などの効果も

説明できるけれど、ここでは温度の効果だけ考えましょう。発熱反応なら、生成物のエネルギー準位は、反応物より相対的に低い。平衡状態で分子たちは、準位それぞれにボルツマン分布をしている。むろん、反応物の分子は"反応物の準位"を占め、生成物の分子は"生成物の準位"を占めるのですが。

温度を上げると、ボルツマン分布の"裾"が、エネルギーの高いほうに向けて延びます。反応物と生成物を比べてみると、"分子数の増えかた"は、エネルギーの高い反応物のほうが激しいとわかります。反応物の分子が増えるのは、平衡の逆向き移動だから、ルシャトリエの原理に合うわけですね（図10）。

吸熱反応の平衡移動も、同じように説明できます。温度を上げたとき、反応物と生成物を比べると、分子数の増えかたは、エネルギーの高い生成物のほうが激しい。その結果、生成物の収量が増えるわけです。

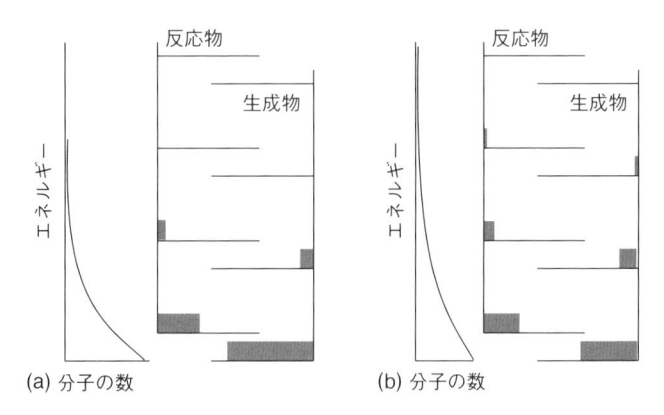

図10 (a) 平衡になった発熱反応。反応物も生成物も分子はボルツマン分布をしている。(b) 温度を上げると、エネルギーの高い"反応物"準位を占める分子が相対的に増す（反応物の側に平衡が移動）。

統計の意義

以上、数学（数式）をほとんど使わずに、統計熱力学の紹介を試みました。餡を抜いた饅頭のようなものですけれど、この短いご紹介だけでも、

統計熱力学がミクロ世界とマクロ世界の橋渡しをするもので，ひいては物理化学という構造物に欠かせない骨組みだということがおわかりいただけたと思います．

おさらいすると，統計熱力学はまず，2本の大河を結びつけます．大河の1本は，原子や分子（とりわけ電子）のふるまいを支配する量子力学．そしてもう1本は，マクロ物質の性質を教える古典熱力学でした．

何度か強調したとおり熱力学は，分子のあるなしに関係なく正しいのですが，分子のふるまいをもとにマクロ物質の性質を解釈できれば，たいへん豊かな世界が拓けます．それにもともと物理化学者は，マクロ物質の性質（化学反応を含む）を分子の言葉で説明できないかぎり，中途半端な理解に終わってしまう…と思う人種なのです．

また物理化学は，化学のうち定量性を尊ぶ分野で（むろん物理化学だけではありませんが，量と数値にきちんと目を配るのが物理化学の命），定量性の心臓部には統計熱力学があります．エネルギー変化やエントロピー変化の定性的な予想を，定量的な予想に格上げしてくれるのが，統計熱力学なのです．

先端テーマ

統計熱力学は，相互作用ゼロの分子集団（典型が理想気体）といった単純な系を除き，適用はやさしくありません．それでも昨今，相互作用がほどほどに強い系とか，かなり強い系に適用する試みがあります．液体（とりわけ，いまだに摩訶不思議な水）や，水溶液中のイオンなどです．水に溶かした食塩すら，まだ謎だらけの世界なのです．

生体分子やナノ粒子など，特殊な系が化学の領域に入ってくるにつれ，新しいフロンティアも生まれ続けています．ナノ粒子の場合は，マクロ物質には問題なく使える統計学的議論を，ナノスケールの系にどれほどうまく適用できるのか…といったテーマもよく扱われるようになってきました．

4章 気体・液体・固体の素顔

　物質に気体・液体・固体の"三態"があることは，中学校でも学びます．物質の"状態"，つまり物理的な姿がどう決まるかは，昔から物理化学の大きなテーマでした．じつは三態に納まりきらない状態もあって，その好例が液晶です．いまや表示（ディスプレイ）に欠かせない液晶は，液体と固体（結晶）の中間状態だといえます．

　また，同じ固体だとはいえ，サイズがおよそ100ナノメートル以下のナノ材料とか，"ほぼ表面だけ"のグラフェンも，"新種の状態"でしょう．そんな"新入り"は，章の終わり近くでざっとご紹介します．"イオンの気体"といえるプラズマを"新種の状態"とみる人もいますが，化学からはやや遠い話題なので，本書では考えません．

気　体

　気体の話になると，物理化学者はなんとなくホッとします．三態のうちでいちばん単純だし，マクロな性質を式で説明しやすいからです．じつのところ気体の研究は歴史上，物理化学を大きく前に進める踏み台でした．その皮切りは1660年ごろ，オックスフォードでボイル (Robert Boyle, 1627〜91) がやった，"空気の弾性"の研究でしょう．

　ボイルから120年ほどあと，1783年に発明された気球の性能を上げようと，基礎研究に励む人たちがいました．それが気体の研究を盛り上げま

4章　気体・液体・固体の素顔　　　　　　49

す．発明直後の水素入り気球でパリの"空中散歩"を楽しんだ物理学者シャルル（Jacques Charles，1746～1823）が1787年に見つけた法則を，やはり気球のことを調べていた化学者ゲーリュサック（Joseph Louis Gay-Lussac，1778～1850）が，1802年に発表しました．

　ボイルとシャルル，ゲーリュサックの結果は，いま**理想気体**（ideal gas）や**完全気体**（perfect gas）とよぶ気体の性質を浮き彫りにします．"これぞ気体"ともいえるものです．むろん当時の実験技術は未熟でしたから，気体ごとの微妙な差を見分ける精度はありませんでした．とはいえ，それが幸いしたともいえましょう．いずれ問題になる気体ごとの差など気にせず，単純な法則にまとめ上げたのですから．

　いまの言いかたをすれば，ボイルは体積 V と圧力 p の反比例関係（$V \propto 1/p$）を見つけ，シャルルとゲーリュサックは体積と絶対温度 T の比例関係（$V \propto T$）を見つけました．さらに30年ほどあとの1811年，温度と圧力が一定のとき，同体積の気体は同数の分子を含むという仮説（分子数を N として $V \propto N$）を，イタリアのアボガドロ（Amedeo Avogadro，1776～1856）が発表して，素材が出そろいます．以上をまとめ，**完全気体の法則**（law of perfect gas）$V \propto NT/p$ ができ上がりました．

　やがて，比例定数はボルツマン定数 k（3章）だとわかったため，いまは等式で $V = NkT/p$ と書けます．式にあるどの量も，気体の種類に関係しません．だからこの式は，理想気体の**状態方程式**（equation of state）とよびます．やや想定外の形でボルツマン定数 k が顔を出すのは，気体分子のふるまいのどこかに，ボルツマン分布がからむことの証拠ですね．その背景は，少しあとで説明しましょう．

補足　ふつう状態方程式は，$V = NkT/p$ を変形して $pV = nRT$ と書く．気体定数とよぶ R は $N_A k$（N_A：アボガドロ定数）に等しく，n は物質の量（mol単位）を表す．話の流れを邪魔しないよう，定義の説明はこれで切り上げたい．■

　$V = NkT/p$ の両辺に p/V をかけ，状態方程式を $p = NkT/V$ と書きましょう．この式は，実験でいじれる気体の量（分子数）N や温度 T，体積 V を変えたとき，圧力 p がどう変わるかを表しています（図11）．

　理想気体の状態方程式は，いちばん単純な姿の気体を表すものです．現

実の気体（実在気体）は圧力が低いほど理想気体に近づくため，理想気体の状態方程式は，いわゆる**極限則**（limiting law）のひとつだといえます（$p \to 0$ の極限で厳密に正しい）．実在気体（$p > 0$）を表す状態方程式はややこしい形になるのですが，パッと見て意味をつかみやすくしたものもあります．

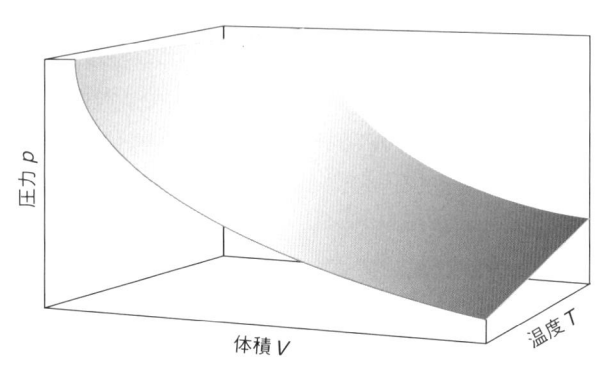

図 11 理想気体（分子どうし引きあいも反発もしない気体）を表す状態方程式の図示．体積と温度を決めたときの圧力は，影をつけた曲面に沿って変わる．

理想気体は $p \to 0$ の極限だといいました．でも幸いなことに，常温で圧力が 10 気圧より低ければ，実在気体のふるまいは，理想気体からあまり外れません．だから物理化学で気体を扱うときは，理想気体の状態方程式を出発点に選べるのです．

理想気体の状態方程式は，物理化学の本質ともいえる部分で，たいへん大きな役割をしました．何かといえば，分子のふるまいに注目した気体のモデル化です．実験や観察から性質どうしの関係が表せたとき（典型が状態方程式），"よしっ！"と気合いを入れるのが物理化学者たち．マクロ世界の観察事実を，分子のふるまいをもとに説明してやろうじゃないか…というわけです．

気体なら，まずは状態方程式に合う理想気体のモデルをつくる．そのあとモデルを改良し，実在気体との一致度を上げていく．そういうモデル化は，気体の話だけでなく物理化学の全体に通じることだから，本章ではほ

かにも例をいくつか紹介しています．あらゆる自然科学の基礎はモデル化だ，と主張する人さえいるように，物理化学の内容はたいていモデル化にからむのです．

理想気体の状態方程式を説明するミクロ世界のモデルを，**気体分子運動論**（kinetic theory of gases）といいます．気体分子運動論は，自然科学全体のうちでも，たいへん特殊なものだといえましょう．なぜかといえば，"無知"にもとづくモデルだからです．モデル化のとき仮定するのは，分子たちが休みなくランダムに飛び回り，ときどき仲間分子や壁とぶつかる——ということだけ．それ以外のことは，何ひとつわかりません．

そんなモデルだというのに，解析したら $p \propto N/V$ の関係式が出て，比例定数は"分子の平均速さ"に関係するとわかるのです．分子の平均速さはボルツマン分布をもとに計算できますが，そもそもボルツマン分布自体が"無知に発するもの"でした（3章）．分子のとれるエネルギー準位（いまの場合は並進運動の準位）に，瞬間瞬間，分子がどう分布しているのか，私たちはまったく知らないのですから．

ともあれ，比例定数はずばり kT だとわかって $p = NkT/V$ が得られ，理想気体の状態方程式にピタリと一致します．分子ひとつひとつが何をしているのかわからないまま，実験結果に合う式が出てきたのです．

気体の話を切り上げる前に，少し補足をしておきます．ひとつ目は，理想気体と実在気体の関係です．いままで扱った理想気体は，分子どうしが引きあいも反発もせず，衝突しながら飛び交うだけのものでした．けれど現実の気体分子は，近寄れば引きあうし，近寄りすぎれば反発しあう．だから実在気体のふるまいは，理想気体の状態方程式から外れます．すると，分子どうしの引きあいと反発（相互作用）を組みこんだモデルにすれば，実在気体も説明できることになるでしょう．

ミクロ世界のモデル化は，統計熱力学（3章）の役目になります．相互作用を正確に組みこむのがむずかしいなら，せめて理想気体の状態方程式にどう手入れすればいいのか，その指針を提示することです．

たとえば1873年にオランダのファンデルワールス（Johannes van der Waals, 1837～1923）が，分子の引きあいと反発を，それぞれパラメータ（変

数) a と b で表す式を提案しました.二つのうちわかりやすい b は,ほぼ"分子の大きさ"だとお考えください.気体の体積は,分子の大きさ分だけ小さいため,$p=NkT/V$ が $p=NkT/(V-b)$ に変わります.あるいは,こう考えてもよろしい.大きさのある分子2個は,空間内の1点を同時に占めるわけにはいかないため,b は"分子どうしの反発"を表す,と.

分子どうしの引きあいを表すパラメータ a(説明は略)も含めた**ファンデルワールスの状態方程式**(van der Waals equation of state)は,実在気体の性質をかなりみごとに説明できるため,実在気体をとり扱うのによく使います(図12).

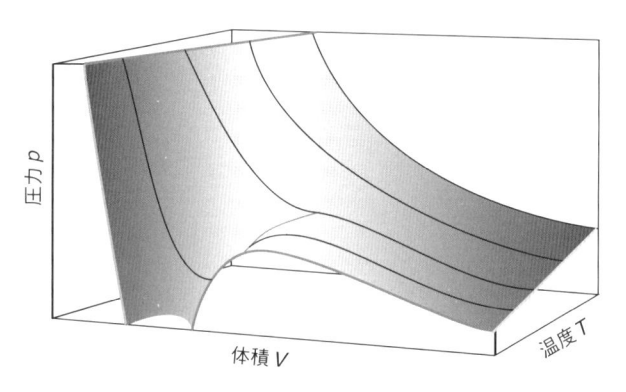

図12 実在気体を表す立体グラフ.理想気体(図11)に比べ,分子どうしの相互作用が圧力と体積の関係を複雑にする.

補足の二つ目は,気体分子の飛ぶ勢いと,分子ごとの勢いがどれほどバラつくのかです.マクロ世界の気体が示す性質は,分子たちの平均的なふるまいから生まれます.マクロな性質を生むミクロ世界のふるまいをありありと想像できれば,気体の性質も,気体がする化学反応も,ぐっと深いレベルでつかめるでしょう.

分子が飛ぶ速さの分布は,3章で紹介したボルツマン分布(くわしくいうとマクスウェル・ボルツマン分布,図13)に従うのでした.分布の式を使えば,分子の平均速さも,一定の速さ(または速さの範囲)をもつ分子の割合も計算できます.

軽い分子（たとえば空気の窒素 N_2 や酸素 O_2）の平均速さは，室温で約 500 m s^{-1} にもなります（いちばん軽い水素なら，ライフルの弾丸を超す約 2000 m s^{-1}）．500 m s^{-1} は，空気中の音速（約 340 m s^{-1}）に近いでしょう．それもそのはずです．空気中を伝わる音は，"圧力の振動"とみてよく，空気の圧力変化は分子の動きが生むはずだから，分子の平均速さは音速くらいになるわけですね．

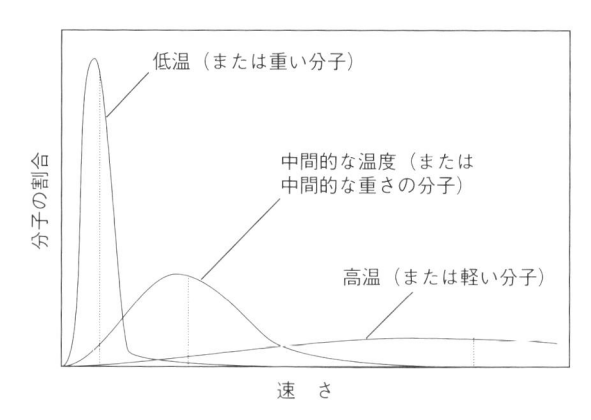

図 13　飛ぶ速さと分子の割合を示すマクスウェル・ボルツマン分布．分布の形は温度で変わる．軽い分子は，平均速さ（│）が大きいうえ，速さの分布が高速側に向けて大きく延びる．

気体分子運動論の式を使えば，分子どうしの衝突頻度も，衝突から衝突まで自由に飛ぶ平均距離も計算できます．計算のとき，分子は大きさゼロの質点（理想気体）ではなく，気体の種類で決まる半径の球と考え，2 個の球が接触した瞬間を"衝突"とみなします．具体的なデータをもとに計算してみると，たとえば常温常圧の空気中で，ある N_2 分子や O_2 分子は，約 1 ナノ秒（10 億分の 1 秒）ごとに仲間とぶつかる．仲間とぶつからず自由に飛ぶ距離は，分子サイズのほぼ 1000 倍だとわかります（自由に飛んでいるときの平均速さが，先ほどの約 500 m s^{-1}）．

身近なものにたとえましょう．分子 1 個がテニスボールなら，衝突から衝突まで自由に飛ぶ距離は，およそテニスコートの長さです．また，ある分子は 1 秒間に，およそ 60 億回（！）も仲間とぶつかっています．

物理化学者と物理学者は，気体分子運動論を使い，何かが気体中を伝わる速さとか，分子が固体の表面にぶつかる頻度などを，一緒に考えてきました．たとえば，温度差のある気体中を熱が伝わる速さ，つまり気体の**熱伝導率**（thermal conductivity）も，分子運動をもとに説明できています．

気体の分子運動モデルを使うと，気体中で進む化学反応の速さ（6 章，p. 85）も定量化できます．"ほとんど何も知らない"状況から，ずいぶん豊かな情報を引き出せる——その事実は，なんとも驚くべきことだといえましょう．

液　　体

液体は，気体よりはるかに扱いにくい状態です．とはいえ，液体（溶液）中で進む化学反応はずいぶん多いから，液体を調べ，性質をモデル化する作業は，物理化学なら避けては通れません．液体が扱いにくいのは，わりと単純な両極端（分子が飛び交うだけの気体と，原子がきれいに並んだ固体）の中間にあるからです．

さらにいうと，暮らしでも化学実験でも，いちばん身近な液体は水ですね．だから何よりも水をスッキリと理解したいのに，水の性質はまだ謎だらけです．イライラするほど，つかみどころがありません．

液体が示す性質のうち，一部は実験で迫れます．たとえば，ある瞬間に分子がどの位置を占め，どんな速さで動き，どれほど動きやすいか，といったことです．サイズの大きい溶質粒子の動きを追う実験とか，溶質の吸収スペクトルを測る実験をすればよろしい．どんな実験をするにせよ，例によって物理化学では測定のあと，結果をうまく説明できるモデル化に進むこととなります．

むろん，分子間の相互作用が（少なくとも理想状態で）ゼロの気体とはちがい，液体中の分子は，そばにいる分子を押しのけながら動くため，モデル化するときは，分子間の相互作用をどう組みこむかがカギになります．

分子が"どこにいるか"さえ，そう簡単にはわかりません．分子は休みなくいろいろな動きを続け，互いにすり抜けあったり，身をくねらせたり，

ひっくり返ったりしながら動いているからです.

　分子が"どこにいるか"を表現するとき, 私たちにできるのはせいぜい, ある分子から一定の距離だけ離れた場所に, 別の分子がいる確率を求めることくらい. そうしたようすは, 固体用のX線回折 (p.58) に似た中性子線回折の実験でわかります. 典型的な状況だと, ある分子Aは, ほかの分子がつくるシェル (球殻) に囲まれている. 分子Aの目で見たとき, シェルをつくる分子集団より先のほうは, 距離が増すにつれ規則性がどんどん減っていく, という状況になります (図14).

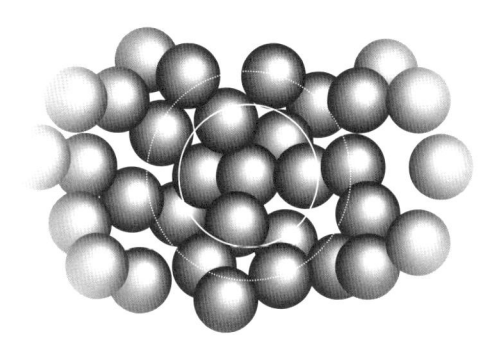

図14　球形の分子からできた液体の構造モデル. ある分子を他分子のシェル (球殻) が囲む. シェルより遠ざかるにつれ, 中心分子から見た規則性は激減していく. こうした構造は, 目まぐるしく姿を変え続ける.

　液体をつくる分子は, どんなイメージなのでしょう？　とりあえず, 密閉容器に (ぎっしりではなく, すき間が少しできる程度に) いくつもの球を入れ, 容器を激しく揺さぶっているときの姿が液体だと思ってください. また, 液体分子の動きについては, 押し合いへし合いする群衆を想像しましょう. "流れる"ときの液体なら, 試合終了後のスタジアムからぞろぞろ出口に向かう観客のイメージでしょうか.

　分子の動きやすさは, 液体の"粘性"がおよその目安になります. とはいえ, 化学プラントの設計など実用面で大切な粘性も, 測定値をもとに分子の流動イメージをつくるのは, 簡単なことではありません.

　だいぶ前から, **中性子散乱** (neutron scattering) で分子の動きを推定で

きるようになりました．"電荷ゼロの陽子"といってよい中性子を液体に当て，跳ね返った（液体分子が散乱した）中性子のエネルギーをていねいに測ります．散乱中性子の分析結果から，分子1個1個やクラスター（分子集合体）の動きを動画にできるのです．同様な情報は，レーザー光の粒（光子）を液体に当てても得られます．

先ほど，水はまだ謎だらけだといいました．そのひとつが，さらさら流れるのに"氷の構造"をもつところです．時間を止めて，常温の水分子集団を観察できたとすれば，あちこちで数十個の分子が，氷と同じ構造のクラスターになっています（中性子を使う実験から推定）．ただし，1ピコ秒（1兆分の1秒）もたてば分子の組み合わせが変わる結果，クラスターの分布が変わります．時間でならせば，室温の水も"ほぼ50〜60％が氷"なのですが，クラスターが目まぐるしく生成と崩壊をくり返しているため，流動性があるのですね．

7章で紹介する**核磁気共鳴**（NMR＝nuclear magnetic resonance）も，液体分子の動きをつかむのに使えるので，少し触れておきましょう．NMRのデータは，身動きのとりにくい液体環境の中で，分子が回転するさまを教えます．データをくわしく解析すると，ごくわずかずつの動きを重ねてようやく1回転する分子もあれば，一度に90°近く回転し，数段階で1回転する分子もあるとわかっています．

ここまでは，液体そのものの分子を考えました．水に溶けた物質（溶質粒子）の存在状態や動きを，実験やモデル化でつかむのも，大きなテーマです．まず食塩水を考えましょう．水分子の集団内に，陽イオンNa^+と陰イオンCl^-が散らばっている系ですね．イオンだと，外から電場をかければ動き，速さは電流の値から見積もれるため，動きを調べやすいという利点があります．

ただし測定の結果は，そう単純ではありませんでした．たとえば，小さいイオンよりも，大きいイオンのほうが動きやすい．水中のイオンは，水分子の"衣"を着たような姿にあって，"衣"を着たまま動くから，見た目が大きくなるのです．小さいイオン（ことに電荷の多いイオン）は，大きいイオンより強い電場をつくりだすため，水分子の"衣"が，イオンを

4章　気体・液体・固体の素顔　　　　　　　　　　57

大きく見せてしまいます．

　でもやがて，ある実験の結果が，そのモデルを粉砕したかに見えました．水素イオン H$^+$ の測定データです．H$^+$ は，あらゆるイオンのうち最小だから，"厚着"して動きにくそうですね．けれど，いちばん"すばしっこい"という結果になったのです．そこで H$^+$ の動きをじっくり追いかけたところ，H$^+$ 自身はあまり動かないとわかって，別の解釈が浮上します．じつのところ H$^+$ は，隣りあう H$_2$O 分子の間で受け渡されるだけ，つまり H$^+$ の"持ち主"が変わるだけだという解釈です．つぎのように，3個の H$_2$O 分子が鎖のように並んだ状況を考えましょう．

$$\overset{H}{\underset{|}{H-\overset{+}{O}-H}}-----\overset{H}{\underset{|}{O-H}}-----\overset{H}{\underset{|}{O-H}}$$

H$^+$ の"名義変更"が2回起こると，つぎの姿に変わります．

$$\overset{H}{\underset{|}{H-O}}-----\overset{H}{\underset{|}{H-O}}-----\overset{H}{\underset{|}{H-\overset{+}{O}H}}$$

つまり H$^+$ のそれぞれは，隣の水分子に"飛び移る"だけなのですが，飛び移りがたいへん速いため，鎖の左端から右端へサッと動いた"ように見える"のです．

　水溶液中のイオンは，物理化学の確立期から関心の的でした．そのころできたモデルを，物理化学者はいまなお出発点に使い，たとえばイオンの熱力学的性質を考察します．初期のモデルは 1923 年に，オランダのデバイ (Peter Debye, 1884〜1966) と，ドイツのヒュッケル (Erich Hückel, 1896〜1980) がつくりました．その内容は，モデルづくりのお手本といってよく，物理学の知恵を使って手直ししつつ，何度も改良を重ねながら完成させたものです．

　デバイ・ヒュッケル理論のコアには，陽イオンが陰イオンに囲まれている（その逆も成り立つ）という発想があります．つまりイオンそれぞれは，逆符号の"イオン雰囲気"に囲まれている（イオンは休みなく動き，イオン雰囲気も時々刻々と変わるため，時間平均した姿ですが）．中心イオン

とイオン雰囲気は，互いに逆符号だから引きあいます．その引きあいがエネルギーを下げ，系（イオン集団）を安定化させるのです．

デバイとヒュッケルはやがてモデルを定量化し，**デバイ・ヒュッケル則**（Debye–Hückel law）にまとめました．エネルギーの下がる度合いが，イオン濃度の平方根に比例するという法則です．ただしそれも，物理化学でよく出合う"極限則"にすぎません．デバイ・ヒュッケル則も，最終形になるまでの道のりを振り返ると，"濃度ゼロ"のときしか厳密には成り立ちません．その制約はあるにせよ，イオン溶液の理論を洗練していく途上，デバイ・ヒュッケル則はよい出発点になったのです．

固　体

気体や液体に比べると，固体の扱いはむずかしくありません．分子が飛び交うだけの系（気体）や，制約はあるものの分子の動きが本質になる系（液体）とはちがい，固体中の原子はまったく動かず，決まった点に固定されていると考えていいからです．じつのところ"まったく動かない"わけではなく，どの原子も固定点で"震えて"いるのですけれど，ここで原子の動きは無視しましょう．

固体内部のつくり（原子配列）は，"X線結晶学"ともいう**X線回折**（X-ray diffraction）が浮き彫りにします．ただし昨今，X線回折を物理化学の話題とみるのは，やや疑問かもしれません．というのもX線回折は，"分子内の原子配置"にひたすら注目する分子生物学や無機化学の研究者が，自分たちの守備範囲だと思っているからです．むろん，X線回折の"理論"は物理化学の領分だから，お互い"持ちつ持たれつ"の関係でよろしいでしょう．またX線回折は，材料のミクロ構造と性質や機能を結びつける材料科学の分野でも，欠かせない実験法になります．

大ざっぱにいうとX線回折は，X線という電磁波の"干渉"を利用する測定法です．試料に当てたX線と，試料の反射したX線が干渉すれば，空間内に，波の強めあう場所と弱めあう場所ができます．干渉が生むそういう"回折パターン"は，X線の通り道にあった物体（原子など）の並び

を反映するため，パターンをじっくり解析すると，たとえば固体内部の原子配列がわかるのです．

波の回折は，使う波長と，調べたいサイズが近いときにだけ起こります．X線の波長は，固体内に並んだ原子と原子の距離に近いから，原子の並びをつかむには，X線がぴったりなのです．

結晶中では原子がきれいに並んでいる——という推測は，1611年にドイツの天文学者ケプラー（Johannes Kepler, 1571〜1630），1665年に英国の物理学者フック（Robert Hooke, 1635〜1703），そして1784年ごろにフランスの鉱物学者アウイ（René Haüy, 1743〜1822）が，それぞれ書き残しました．そしてようやく20世紀に入ってから，X線回折で確認されたことになります．

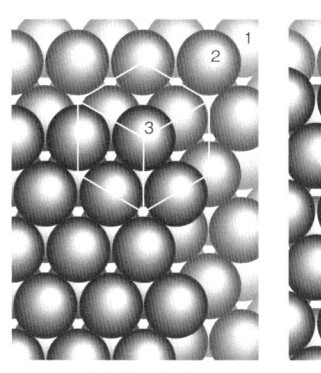

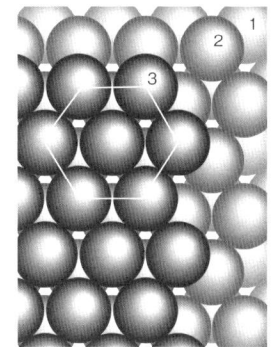

立方最密充塡　　　　　　六方最密充塡

図15　金属の結晶と球の詰めかた．左は"立方体"型（銅など），右は"六角形"型（亜鉛など）．原子の詰めかたが金属の力学的性質を決める．白抜きの線で描いた立方体には，3層の原子が属する（濃淡と数字で層を表す）．

原子を球とみたとき，銀や銅，鉄など金属の結晶は，とりあえず，硬い球をぎっしり詰めこんだものと考えてかまいません．球の"詰まりかた"に，金属の個性が出るのです．たいていの金属は，すき間ができるだけ少なくなるよう球を詰めこんだ"最密充塡"構造をもっています（図15）．原子がぎっしり詰まっているからこそ，金属は高密度の強い材料になるの

ですね.

　金属は"電荷ゼロ"の同じ原子が詰まったものとみてもよいのですが,塩化ナトリウム NaCl のようなイオン結晶は,二つの点で金属とちがいます.逆符号のイオン（陽イオンと陰イオン）をもつところと,イオンのサイズに差があるところです（ふつうは陽イオンのほうが小さい）.

　陽（陰）イオンを陰（陽）イオンが囲むように並べば,イオンどうしの引きあいがエネルギーを下げ,結晶を安定にします（1章,図3の塩化ナトリウムが典型例）.ただし陽イオンと陰イオンは,きびしい制約に従って並ぶため,金属のような最密充填にはなりません.だから通常,イオン結晶の密度は金属より小さくなります.

　金属との比較を続けましょう.イオン結晶には,陽イオンと陰イオンの数比が 1：1 ではないものも少なくありません（たとえば塩化カルシウムは $CaCl_2$）.また,一部のイオン固体は原子間に共有結合をもち,共有結合には方向性があるから,球を"ただ詰める"姿からかけ離れた原子配列になったりします.

　話はまだ終わりません.とても"球形"とはいえないイオンもあるのです（たとえば硫酸イオン SO_4^{2-} は四面体.もっと複雑な形のイオンも多い）.どれほど変わった形のイオンも,結晶の電荷が正味で0となるよう,規則的に並ぶこととなります.

　複雑なイオンを成分とする結晶をつくりたいとき,設計の段階では,結晶のミクロ構造をつかんでおきたいものです.そんな課題を前にした物理化学者は,少々ひるみはしても,おじけづいたりはしません.最新のコンピュータと専用ソフトを使えば,どれほど複雑な形のイオンだろうと,集合したときの相互作用は計算でき,エネルギーが最低になる配列を予測できるからです.

　そんな方向の研究は,原子・分子レベルで働く新しい固体触媒などの開発に,とりわけ有効でした.よく知られているのは,イオンの集合体が大きなチャネル（孔）をつくる触媒です.反応物はチャネルに入り,生成物の姿でチャネルから出ていきます.孔の内部に触媒反応のホットスポット（活性点）をつくっておけば,"表面積の抜群に大きい固体触媒"ができる

わけです．

　物理化学者が固体に期待するポイントは，化学反応性だけではありません．計算に強い物理学者や材料科学者と手を携え，たいへん複雑なミクロ構造をもつ固体の電気・光学・力学的性質を調べています．また，やはり物理学や無機化学の研究者と共同しつつ（近ごろは有機化学との接点も増加中），見つかったおもしろい性質を改良するのも，物理化学の守備範囲だといえます．

　最近の好例がセラミック超伝導体です．さまざまな分野の研究者による共同作業を通じ，超低温とはいえない温度で電気抵抗ゼロを示す超伝導材料が見つかってきました．もうひとつが，現在と未来の暮らしに欠かせない電池の性能向上を目指す，電極や電解質材料の開発でしょう．

三態を外れた状態

　どんな分類をしようとも，端の部分（境界部）には必ず，すり切れたりほころびたりした布に似て，"どっちつかず"のものがある…と私は感じています．すり切れた"辺境"には，往々にしておもしろい性質が見つかり，それが新しい知識や技術の源になるのです．物理化学者としてはとりわけ，液体–気体の接点と，液体–固体の接点に目が向かいます．

　液体と気体は，"臨界点"で興味深い出合いをします．臨界点とは何か？頑丈な密閉容器に入れた液体を想像してください．容器は透明で，内部が外から見えるとします．容器を熱すると液体が蒸発し，液体と接した蒸気の圧力が上がっていくはずですね．

　温度が十分に上がると，逃げ場のない蒸気がどんどんできる結果，蒸気の密度が液体の密度に追いつきます．そのとき蒸気と液体は混然一体となり，境目が見えなくなる．そこを臨界点といいます．臨界点で容器内にあるのは，液体でも気体でもない**超臨界流体**（supercritical fluid）です．超臨界流体は，液体に近い密度を示しながら"底にたまる"ことはなく，気体のように，容器内をすみずみまで満たします．

　超臨界流体は，それ自体の性質ばかりか，溶媒への利用が大きな注目を

集めます．研究例のいちばん多い超臨界CO_2（31°C，約73気圧で生成）は，毒性がなく，たいていの有機物をよく溶かし，使い終わったら痕跡も残さずに処理できる溶媒です．

溶媒を使う化学合成では昨今，もっぱら超臨界CO_2が話題をさらいます．超臨界流体の粘性や熱伝導性は密度で大きく変わり，密度の調節には，圧力と温度をいじればよくて，超臨界CO_2の密度は，気体に近い0.1 $g\,cm^{-3}$から，常温の水を超す$1.2\,g\,cm^{-3}$まで自在に調節できます．溶質の溶けやすさも超臨界流体の密度で大きく変わるため，臨界点のそばで圧力をいじると，溶解性を幅広く調節できるのです．

ある物質は，どんな条件で超臨界流体になるのでしょう？　答えはおもに物理化学者が出してきましたし，超臨界流体の性質と，超臨界流体の中で起こる現象の解明は，昨今たいへん活発な分野になりました．水も超臨界流体になるけれど，水の臨界点（約374°C，218気圧）は，CO_2よりずっときびしい条件です．それでも超臨界水は，実験・理論の両面で大きな関心をよんでいます．

固体と液体の境界にある"ソフトマター"（別名"複合流体"）の研究も，物理化学の土俵内です．ソフトマターには，ポリマーや表面被覆材，接着剤，泡，エマルション（乳液），生体材料などがあります．

ソフトマターのひとつ**液晶**（liquid crystal）は，電子機器の液晶表示ですっかりおなじみになりました．液体と固体の中間的な性質だから，**中間相**（メソフェーズ，mesophase）ともよびます．液晶とは何でしょう？　まず結晶は，粒子がどこまでも規則的に並ぶ（長距離の秩序をもつ）固体でした．かたや液体は，内部に短距離の秩序しかありません．中心分子（やイオン）を囲むシェルには分子の規則性があっても，続くシェルの規則性はかなり落ち，さらに遠いシェルには規則性がほとんどありません．

液晶は，細長い分子や平たい分子の集まりです．空間に三つの座標軸（x, y, z）を考えたとき，固体の結晶なら，どの軸の向きに眺めても，原子の配列には長距離の秩序（規則性）があります．けれど液晶では，たとえば$x\cdot y$軸の向きには秩序があっても，z軸の向きには秩序がありません．おまけに，分子どうしが強く引きあわないから，固体とちがって適度な流動

4章 気体・液体・固体の素顔　　63

性をもつのです．

　液晶は，分子配列のありさまでネマティック型，スメクティック型，コレステリック型の三つに大別します．そのひとつ，スメクティック型液晶のイメージを図16に描きました．

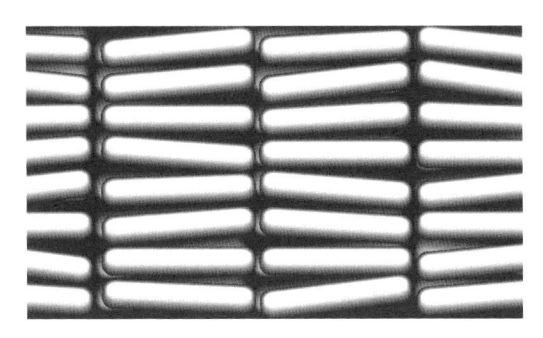

図16 スメクティック型液晶のイメージ．ある層内（図の上下方向）の分子配列と，隣りあう層内の分子配列はちがう（訳注：層間の距離は図の姿よりずっと長く，層どうしの引きあいが弱いため，液晶は流動性をもつ）．

　液晶は，表示に使うことから想像できるように，おもしろい光学的性質を示します．液体とはちがって粘性があるし，特別な処理をした板の上には，分子軸の向きをそろえて並ぶ性質もある．物理化学者は，さまざまな性質の液晶をつくり，外からの刺激に液晶がどう応答するかの解明にも関与してきました．液晶は生物学とも深くからみます．私たちヒトを含めた生物の細胞膜が，液晶そっくりの性質をもつからです．

　ポリエチレンやナイロンなどのポリマー（高分子）も，"ソフトマター"の仲間に入れます．ミクロ構造も性質もたいへん幅広いポリマーは，物理化学者の楽しい遊び場でもありました．力学的性質は剛直なものから流動性のものまで，電気的性質は絶縁体から導電体まであるし，光学的性質も多様です．電場をかけると性質が変わるポリマーも，いろいろとできてきました．

　ポリマーには，分子量（5章，p.77）やその分布，球状になるか紐状になるか，鎖の長さが立体構造とどう関係するかなど，いろいろと興味深い問題があります．そうした点を解明するのも，物理化学者の役目だといえ

ましょう．

先端テーマ

　ポリマー系のソフトマターは，たとえば電場で色を変える繊維など，実用面に期待が集まります．ただし実験面も理論面も，まだ十分とはいえません．ソフトマター全般でいうと，ミクロ構造と性質の関係，とりわけ，急変する条件（機械的衝撃など）に試料がどう応答するかなどは，絶好の研究テーマでしょう．材料の応答をつかむには，部品（分子）の動きをモデル化し，モデルの理論予測とマクロ試料のふるまいを突き合わせる作業が欠かせません．

　硬い材料（ハードマター）にも挑戦課題があります．超伝導を含め，今後の展開を期待させる光学的性質や電子的性質は，情報の記録やデータ処理を向上させるのに大きく貢献するでしょう．

　"フラットランド（二次元世界）の物理化学"を拓くかもしれないグラフェン（ほぼ表面だけの固体）は，グラファイト（黒鉛）をつくる層の1枚1枚です．強度は思いのほか大きく，電気的性質にもおもしろい点があるため，物理化学者は昨今，この"二次元材料"が突きつける挑戦に応えようとしています．

　最後にひとつ，興味をそそる材料に"非周期的結晶"があります．原子がぎっしり詰まった結晶なのに，ふつうの固体結晶とはちがい，原子配列の秩序が短距離にとどまる結晶です．研究の展開に期待しましょう．

5章　物理変化

　物質がどんな状態をとるかに加え，凝固や沸騰など状態が"変わる"しくみを調べるのも，物理化学の課題です．物質自身は変わらない**物理変化**（physical change）のうち，最初に**状態変化**（state change）を考えましょう．ほかに，やはり物理変化のひとつ"溶解"も調べます．気体が液体に溶ける現象は，もう物理化学の芽生え期に注目を集めたばかりか，いまなお物理化学では主要テーマのひとつだし，環境問題や麻酔，呼吸，趣味の分野にもからむ話だからです．

　前章まで（とくに 2 章と 3 章）の話からお察しのとおり，物理化学では"平衡"の扱いが欠かせません．ふつう平衡というのは，前向きの変化も逆向きの変化も休みなく起きているのに，どちらの速さも等しいので正味の変化がない**動的平衡**（dynamic equilibrium）のことをいいます．

　化学平衡（化学変化の平衡）も，物質はたえず変化し続けているため，条件を変えるとどちらかの向きに動く"生きている平衡"です．物理平衡もそうだということが，本章でおわかりいただけるでしょう．

沸騰と凝固

　温度や圧力といった"条件"が変わると，物質はなぜ状態を変えるのか？… それが物理化学の問いかけです．変化は自発的に進むから，答えは熱力学がくれるはず．2 章でみたとおり，自発変化の向きは，"系のギブズエ

ネルギー"が減る向きでした（p. 30）.

　平衡を考えるときに便利な量は，ギブズがあみ出した**化学ポテンシャル**(chemical potential) です．化学ポテンシャルは通常，ギリシャ文字の μ（ミュー）で表します．

　化学ポテンシャルとは，"普通サイズのもの"がもつギブズエネルギー G だと考えましょう（物質1モルは2〜1000g程度の"普通サイズ"．硬い言いかたをすれば，純物質の化学ポテンシャルは"モルギブズエネルギー"のこと）．ポテンシャルは"潜在能力"ですね．化学ポテンシャルは，物質の"不安定さ（安定になりたがる勢い）"を表しています．

　たとえば，ある条件のもと，液体の化学ポテンシャルが蒸気（気体）より大きいなら，液体は蒸気になりたがる．その反対なら，蒸気は凝縮して液体になりたがる．そして，液体と蒸気の化学ポテンシャルが等しくなれば，両方のパワーがつり合う結果，正味の蒸発も凝縮も進まない（平衡）．パワーの向き（押すか引くか）は逆ですが，一進一退をくり返して勝負のつかない綱引きに似ていましょうか．

　状態の変化も，変化のあげく達する平衡も，化学ポテンシャル（安定化へ向かうパワー）を使って表せます．また，二つ（または三つ）の状態が平衡になる条件も，化学ポテンシャルに注目した考察からわかるのです．

　たとえば，圧力を1atm（海面の大気圧）に決めて温度を変えていくと，ある温度になったとき，液体と蒸気の化学ポテンシャルがつり合います．その温度が，物質の沸点ですね．同様に液体と固体も，温度を変えていったとき，両方の化学ポテンシャルがつり合う温度（凝固点＝融点）で平衡になります．

　もう少し具体的に考えましょう．化学ポテンシャルが変わるとは，いったいどういうことなのか？　2章の話を思い出してください．化学ポテンシャルは，"物質1モルのギブズエネルギー"で，ギブズエネルギーだというからには，仮装した"宇宙（系＋外界）の総エントロピー"です（p. 31）．たとえば，液体より蒸気の化学ポテンシャルが低いなら，つまり液体が蒸気になりたがるなら，液体が蒸発するときに，宇宙のエントロピーは増すことになります．

5章 物理変化

　液体が蒸発したときに総エントロピーが増すかどうかは，二つの要因で決まります．ひとつは"系のエントロピー増加"．系（液体）が蒸気に変わるとき，分子は広い空間に飛び出すから，エントロピーは必ず増える．もうひとつが，"外界のエントロピー低下"です．液体分子の引きあいを切るエネルギーは，熱の形で外界からもらうため，外界は熱を"失う"ことになり，外界のエントロピーは必ず減るのです．

　こうして，系のエントロピー増加分を，外界のエントロピー低下分が打ち消せないなら，宇宙の総エントロピーが増す結果，蒸発が自発変化になります．かたや，外界のエントロピーが，系のエントロピー増加を"打ち消して余りある"ほど減るなら，蒸発は総エントロピーを減らすため，自発変化ではなくなります．そのときは，逆向きの凝縮が自発変化です．

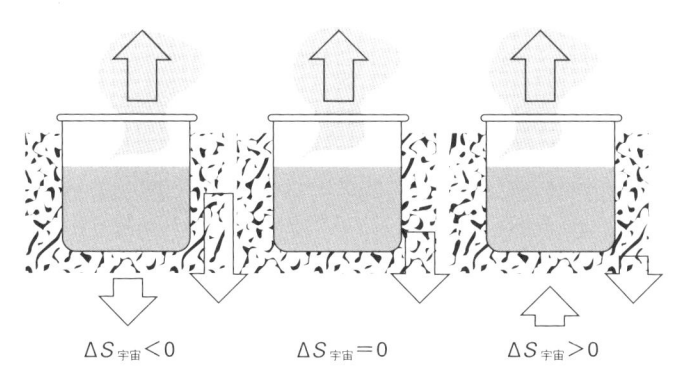

$\Delta S_{宇宙} < 0$　　　$\Delta S_{宇宙} = 0$　　　$\Delta S_{宇宙} > 0$

図17 沸騰に至る3段階．低温（左）では外界のエントロピー低下が大きく，系のエントロピー増加を打ち消して余りあるため，凝縮が自発変化になる．高温（右）では逆が成り立ち，蒸発が自発変化になる．途中の温度（沸点，中）でエントロピー変化がぴったり打ち消しあい，総エントロピー変化が0になる（蒸発平衡）．矢印の向きは，エントロピー変化の正負を表す．

　エントロピー変化は，移動する熱を，移動中の絶対温度で割った値でした（2章，p.28）．すると外界のエントロピー低下は，温度が高いほど小さくなります（同量の熱を，大きな数で割るから）．つまり，温度を上げていけば，どこかで総エントロピー変化が"低下"から"増加"に転じる結果（**図17**），蒸発が自発変化になるのです．

温度を十分に上げると，なぜ液体は沸騰（蒸発）するのか？——その問いに物理化学は（理屈っぽいのが玉にきずですが），こう答えます．"**外界のエントロピー低下分が小さくなって，系のエントロピー増加分を打ち消せなくなり，宇宙の総エントロピーが増える**から"．同じ量の熱が動いても，高温になると外界が"乱されにくくなる"結果，系のエントロピー増加が際立ちます．つまり，液体を沸騰させるとき（凝固させるときも）私たちは，温度を変えて外界のエントロピー変化を調節しているのです．

つぎに圧力の効果を考えましょう．加圧すると氷の融点（水の凝固点）は下がる——その事実に合う理論を1834年に，フランスの物理学者クラペイロン（Benoît Paul-Émile Clapeyron, 1799〜1864）が発表します．ビクトリア朝期（1837〜1901年）の英国で，いまの化学熱力学につながる研究をしていた人たちは，それを聞き及んだとき，大いに自信をもったことでしょう．

ただし，ほかの物質ならそうはなりません．まず定性的に考えましょう．水以外の液体は，凍ったときに体積が減ります．そのため（いずれ1884年に発表されるルシャトリエの原理を考えても）圧力を上げたときは，体積の小さい固体になるほうが得だから，凝固点まで冷やさなくても凍り始める．つまり，加圧すると凝固点は上がります．

ところが水は，ほかの性質あれこれと同様，液体-固体の変化でも異常性を示し，氷の密度が液体より小さいのです．つまり，凍ると体積が増す（1912年4月の"タイタニック"沈没事故も，水に浮く氷のせいでした）．圧力を上げれば，体積の小さい液体のままでいるほうが得だから，加圧したとき凍らせるには，温度を0℃より低くしなければいけない．つまり水の凝固点は，加圧すれば下がる．氷河が（文字どおり）流れるのも，氷の底部が岩の鋭い角に当たるとき，圧力を受けて融けるからです．

クラペイロンは，氷と水（液体）の密度差に注目し，氷の融点と圧力の関係を予測しています．予測の結果は，変化の向き（圧力が高いほど融点は上がる）ばかりか，融点の変化幅も実測値によく合うものでした．

クラペイロンの発想をいまの知識でいえば，つぎのようになります．氷と水の化学ポテンシャルが圧力でどう変わるかはわかる．圧力を変えたと

き，両方の化学ポテンシャルがつり合ったままになるよう温度を調節すれば，その温度が融点（凝固点）に等しい，というわけです．もちろん，沸点と圧力の関係も計算できます（どんな液体も，圧力を上げると沸点は必ず上がる）．

相　律

　化学熱力学の黄金期といってよい1870年代の後期には，沸騰や凝固など，"相転移"についての理解が深まりました．**相**（phase）は，状態（液体，固体，気体）よりもこまかい区分けを意味し，どこをとっても物理・化学的性質が均質な姿をいいます（"相"と"状態"を区別しないことも多いのですが）．複数の相を示す固体は珍しくなく，たとえばグラファイト（黒鉛）とダイヤモンドは，相がちがう固体の炭素です．液体だと，ヘリウムだけが2種の相を示します（ふつうの液体と，粘性ゼロの超流動液体）．ちなみに，気体が2種以上の相をもつ物質はありません．

　ある物質の相それぞれは，決まった圧力-温度の範囲で，いちばん安定な姿だといえます．水の場合なら，おなじみの固相（ふつうの氷．高圧で生じる相を含めると，氷の相は10種を超す）は"1 atm，0℃以下"のとき，また気相（水蒸気）は"1 atm，100℃以上"のときに，いちばん安定です．"いちばん安定"とは，化学ポテンシャルが最低になることだから，別の（化学ポテンシャルが高い）相からその相への変化が，自発変化になります．

　実測データをもとにすれば，ある圧力Pと温度Tでどの相がいちばん安定なのかを，PとTを座標軸にして表示できます．大陸の地図にたとえれば，相それぞれは国や州だといえましょう．そんな図を**相図**（phase diagram）といいます（図18）．

　なお，水のような純物質なら通常，三態だけを区別した"状態図"に表すのですが，"相図"のほうは，成分が2種以上のものにも使います．とりわけ，鋼（スチール．鉄と炭素の合金）やステンレスなど実用材料の性質を考えるときは，相図を使う考察が欠かせません．

図18 に戻りましょう．地図上の国境に似て，相図上の境界線は特別な地点を表します．隣りあう2種の相が平衡になる地点です．たとえば，液相と気相（蒸気）の境界線は，2相が平衡になる圧力・温度を表すため，"圧力を変えると沸点がどう動くか"を語る線だといえます．

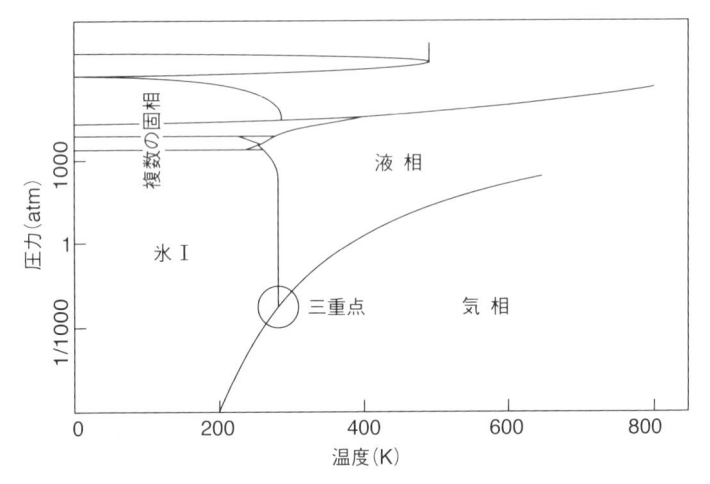

図18 水の相図．最安定の相を線で仕切って示す．氷は10種以上あるため，常圧で生じる氷をときに"氷Ⅰ"とよぶ．

また相図上には，やはり大陸の地図と同じく，三つの相が合流する点もあって，それが**三重点**（triple point）です．三重点では三つの相が平衡にあるため，分子たちは休みなく三つの相を行き来しています．

水にかぎらず純物質の三重点は，母なる自然がぴたりと1点に決めました．つまり，（観測できるとしたら）宇宙のどこで観測しても，必ず同じ値になる．だからたとえば水の三重点は，絶対温度の基準に使えます．いまの定義なら，正確に273.16 K（ケルビン）です．それをもとに摂氏温度は，"絶対温度マイナス273.15 K"と決まりました（273.16ではなく273.15だというところに注意．摂氏温度なら三重点は +0.01 ℃）．

変化の向きを司るギブズエネルギー（2章）の提案者ギブズは，1870年代の末ごろ，相図を読み解く簡潔なルールも見つけました．それを**相律**（phase rule）といいます．たとえば混合物の蒸留や精製をするとき，気相

や液相の組成がどう変わっていくかをつかむのにも，相律が助けになります．鉱物学や冶金学で出合う複雑きわまりない相図の解釈にも，相律は大いに役立つのです．

補足 相律を具体的に書いておこう．成分（component）の数が c，相（phase）の数が p のとき，自由にいじれる変数（圧力，温度など）の数つまり自由度（degree of freedom）f は，$f = c - p + 2$ と書ける．純物質（$c = 1$）で相が1種（$p = 1$）なら $f = 2$ なので，状態量2個（圧力，温度，体積などから2種）の値が決まると，相はひとつに決まる．また，純物質で相が2種（たとえば気相と液相が共存）なら $f = 1$ なので，飽和蒸気圧は温度だけで決まる．純物質（$c = 1$）の三重点（$p = 3$）は $f = 0$ だから，不動点になる．■

溶解と混合

溶解も，溶解に似ている混合も，化学のさまざまな場面で出合う現象だから，やはり物理化学の守備範囲になります．溶解と混合は，すでに物理化学の芽生え期から人々の関心を引き，ドルトンが原子説を発表した1803年には英国の化学者ヘンリー（William Henry, 1774～1836）が，気体の溶解量を式で表しました（訳注：彼が1799年に著した化学の教科書 "An Epitome of Chemistry" を宇田川榕菴が邦訳し，幕末の1840年に"舎密開宗"として刊行）．

気体の混合は，熱力学をもとに式で表しやすいため，混合や溶解を考察する出発点になります．まずは，分子どうしが相互作用しない理想気体の混合を考えましょう．2種類の理想気体を容器に入れると，必ず混じりあって均一な混合気体になる．そのありさまを，物理化学ではつぎのように考えます．

理想気体の混合は，自発変化ですね．すると，できる混合物のギブズエネルギーは，同じ圧力・温度のもと，成分それぞれの（混合前の）ギブズエネルギーを足した値より小さいはず．エントロピーに翻訳すれば，混合のとき，宇宙（系＋外界）の総エントロピーが増えることになります．理想気体なので，混じりあう気体分子は相互作用をしない（相手の存在を知

らない)．すると混合の際，外界からエネルギーは入ってこないため，外界のエントロピーは変わりません．

だとすれば，系(容器内の気体)のエントロピーが増えなければいけない．それはまったく問題ありません．混合では2種類の分子が混じりあい，混合前より乱雑さが増えるからです．

2種類の液体を混ぜる場合も，同じように考察できます．まずは，やや現実ばなれした混合を考えましょう．混ぜる前，液体A内の分子間相互作用と，液体B内の分子間相互作用がまったく同じなら，混合したときにエネルギーの出入りはありません．そうやってできる溶液が**理想溶液**(ideal solution)です(食塩水のような溶液と区別して，"理想溶体"とよぶほうがいいかもしれません)．理想溶液の中で，分子Aは分子AやBに囲まれ(数の比は，液体の混合比と同じ)，分子Bは分子BやAに囲まれるものの，相互作用のエネルギーは混合前と何ひとつ変わりません．

理想気体の混合と同様，理想溶液ができるとき，外界のエントロピーは変わらないから，混合が自発的に進むのは，ちがう分子が混じりあって乱雑さが増す(つまり系のエントロピーが増す)からなのです．

現実世界に理想溶液はないけれど，分子AとBがよく似ていて，分子間相互作用も似ている(混合の前後でほとんど変わらない)液体，つまり理想溶液に"近い"ものはあります．よく使う例はベンゼンとトルエン(メチルベンゼン)ですが，むろん完璧な理想溶液ではありません．そういうわけで，現実の溶液(溶体)を扱うには，モデルを少し手直しする必要があります．

かなりうまくいく改良モデルを，**正則溶液**(regular solution)といいます．液体AとBは，理想溶液と同じく完全に混じりあうものの，分子A-A間やB-B間の相互作用と，A-B間の相互作用に差があるのが正則溶液です．

正則溶液の性質は，実在溶液の性質をかなりよく表せます．たとえば，同じ分子どうし(A-AやB-B)の引きあいが，ちがう分子A-Bの引きあいより強いとしましょう．強さの差が十分に大きいと，ときに液体AとBは完全には混じりあわず，二つの相(Aが少し溶けたBと，Bが少

し溶けたA）に分かれるのです．

いままでは，気体どうしや液体どうしの混合を考えました．では，液体に気体が溶ける場合はどうでしょう？ 200年以上前にそれをじっくり調べ，いまなお役に立つ法則を見つけたのが，先ほどのヘンリーです．

ヘンリーは，液体に溶ける気体の量が，気体の圧力に比例するのを確かめました．なんとも単純な結論に思えますが，液相と気相の境界で起こる出来事を分子レベルで想像するとなかなかに深いものがあり，いくつか教訓も得られるのです．以下，そのことをご紹介しましょう．

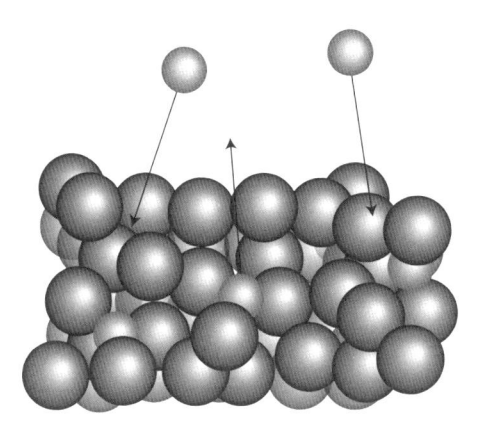

図19 分子レベルでみたヘンリーの法則．平衡状態では，分子が気相から液体表面にぶつかってもぐりこむ速さと，液体から気相に飛び出す速さがつり合っている．気相の圧力を上げたとき，分子が液体に"もぐりこむ"勢いは増すけれど，液体から"蹴り出される"勢いは変わらないため，正味で溶解量が増える．

4章の話を思い出してください．気体とは，分子が休みなく飛び交い，ある1個の分子が1秒間に数十億回も仲間とぶつかるという，騒々しい分子集団でした．液体に接した気体の分子も，しじゅう液体表面にぶつかり，液体をつくる分子集団の中に"飛びこんで"います．同時に，いったんもぐった気体分子は，暴れまわる液体分子に押し戻されて表面へ浮上し，一部はまた気相に蹴り出されて，仲間と合流します（図19）．

平衡状態では，分子が液体から出る速さと，液体に入る速さがつり合っ

ています．そのとき気体の溶解度（たとえば一定体積の液体に溶ける分子の数）が，ある値に決まるのです．平衡状態で圧力を上げるとしましょう．気相から液体に打ちつける"分子の雨"は，圧力が上がるほど激しさを増す．かたや，温度が一定なら，分子が液体から"蹴り出される"速さは変わらない．すると，新しい平衡状態では，液体中にいる気体分子の数が増えますね．ヘンリーの法則は，それを表すというわけです．

今度は，平衡状態から，液体の温度を上げるとしましょう．液体分子の動きが（溶けた分子の動きも）激しさを増す結果，溶けた分子は気相に飛び出やすくなる（液体の表面にぶつかる気体分子の勢いは，あまり変わらない）．そのため新しい平衡状態では，液体中にいる気体分子の数が少ない．だから気体は，冷水より温水に溶けにくいのです．

寝床から起き，枕元に置いていたグラスの内側に泡が見えたときは，ヘンリーのことを，そしてヘンリーの法則を思い出してください．

ヘンリーの法則は，生命の営みすべてを貫いています．水に棲む動物の"生きる力"は，水に溶けている酸素分子の恵みです．空気中で酸素が示す圧力（分圧）をもとに計算してみれば，水中の酸素濃度は，呼吸に十分な値だとわかります．何かの拍子に水温が上がりすぎると酸素濃度が激減し，魚の酸欠死を招くのですが．

趣味の分野でも，ヘンリーの法則は大切なポイントになります．スキューバダイビングや，職業としての深海潜水がそうです．酸素と窒素は血液に溶けるため，溶解濃度をうまく調節しないと，血液中に大量の気泡ができて"潜水病"にかかります．潜水病にならないよう，背負うタンク内の気体組成を調節するにも，ヘンリーの法則を使うのです．

溶液の物理変化

液体（溶媒）に何か（溶質）が溶けた溶液を考えましょう．溶質が溶液の性質にどう影響するかも，物理化学の大きなテーマでした．たとえば冬場の道路に塩をまけば，塩が水の凝固点を下げるため，凍結が防げるのです．

ほかには**浸透**（osmosis，"押す"を意味するギリシャ語由来）も，純液体にはない，溶液なればこその性質です．浸透とは，溶媒が膜の小穴を通り抜けて溶液のほうに行こうとする性質をいいます．生き物の世界だと，10 m を超す木の先端まで樹液が昇っていくのも（1気圧は 10 m の水柱にあたるため，気圧が押し上げるだけなら 10 m を超す木はありえない），赤血球がつぶれたり，破裂したりせず決まった形を保てるのも，浸透の働きです．

　物理化学らしく，溶液のふるまいも，"エネルギー"と"エントロピー"を手がかりに考えましょう．溶液の前に，純粋な液体（純溶媒）を振り返ります．たとえば液体の蒸発は，温度を一定値より上げたとき，熱（エネルギー）の授受による外界のエントロピー低下（熱量÷温度）が小さくなり，系のエントロピー増加を打ち消せなくなって，宇宙の総エントロピーが増すから，自発的に進むのでした（p. 67）．

　さて溶液（＝溶質を含む溶媒）です．ミクロ世界の住人になり，目隠しして粒子を1個だけつかむとします．つかんだのが溶媒分子なのか溶質粒子なのか，確信はもてませんね．つまり溶液は，純溶媒より乱雑さが大きい，したがってエントロピーが大きいのです．すると，液体側のエントロピーは，溶質を溶かす前より大きい．かたや蒸気（溶質は飛ばないので溶媒分子だけ）のエントロピーは，純溶媒のときと変わらない．その結果，液体の蒸発に伴う系のエントロピー増加は，純溶媒のときより小さいはずです．

　かたや外界は，系（溶液）に熱を奪われるから，必ずエントロピーが減ります．ただし，系のエントロピー増加が（純溶媒のときより）小さくなっているので，それを打ち消すための，エントロピーの低下分も，小さくてかまわない．温度が（純溶媒のときより）上がれば，そうなりますね．だから，何かが溶けた液体の沸点は，純溶媒の沸点より必ず高くなります．それが"沸点上昇"にほかなりません（図20）．

　同様な考察はむろん凝固にも当てはまり，溶質が溶けると溶媒の凝固点が下がることになります（凝固点降下）．ただし，ひとつ注意しておきましょう．自動車のラジエータに使う"不凍液"の働きを，凝固点降下とみ

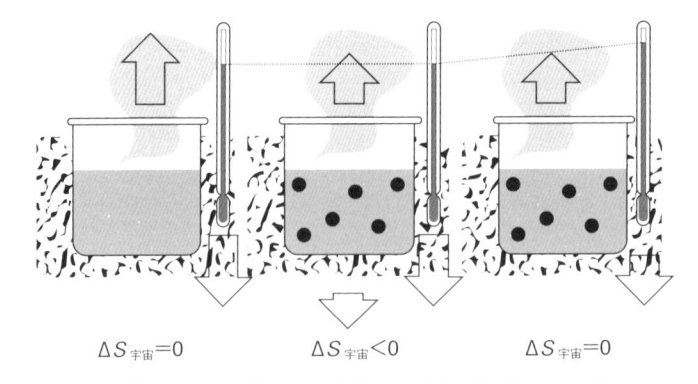

ΔS_宇宙=0　　　ΔS_宇宙<0　　　ΔS_宇宙=0

図20　溶質が溶媒の沸点を上げる仕組み．溶媒の蒸発に伴う"系のエントロピー増加"は，溶質が入ると小さくなる．それに合わせて，外界のエントロピー低下も小さくするため，温度を上げなければいけない．

る人がいます．けれど不凍液は，水にエチレングリコールを重さで30～60％も混ぜたものだから，溶液というより"混合液体"です．そんな状況だと，エチレングリコール分子が水分子の集合（水素結合の形成）を邪魔して凍りにくくする…というのが，正しい説明になります．

つぎに，溶液の"蒸気圧"を考えましょう．例によって，まずは純溶媒です．密閉容器内に液体とその蒸気があるとき，蒸気は決まった圧力を示します（図19のように，分子が液体から気相に飛び出る速さが，液体に飛びこむ速さとつり合っているから）．温度で決まるその圧力が，液体の蒸気圧です．

温度を一定にしたまま，溶質を溶かしましょう．そのとき蒸気圧は，先ほどの説明とほぼ同じ（エントロピーがらみの）理由で，純溶媒の蒸気圧より低くなります．

蒸気圧がいくら下がるかは，やはり物理化学らしい"極限則"で表せます．その法則を1887年に見つけたフランスの化学者ラウール（François-Marie Raoult，1830～1901）は，以後の生涯，蒸気圧の測定にのめりこみました．彼の名を冠する"ラウールの法則"をひとことでいうと，溶液（や混合液体）が示す溶媒の蒸気圧は，粒子総数のうち，注目している溶媒が占める割合に比例する——というものです．

先ほど触れた"理想溶液"の蒸気圧は，ラウールの法則にぴたりと合います．かたや実在溶液なら，溶質（または混合液体の第2成分）の濃度が0に近づいたとき，理想溶液のふるまいを示す．ほかの極限則と同様にラウールの法則も，溶液や混合物の熱力学的性質を考える出発点に使い，理想溶液ではなく正則溶液になればどうなるかなど，現実に近いものを考察するときの基礎になります．

　おしまいに，浸透を考えましょう．浸透とは，溶媒分子は通しても溶質粒子（分子やイオン）は通さない"半透膜"を通って，溶媒分子が純溶媒→溶液と動く現象でした．浸透が起こるのも，溶質がエントロピーを増やすからです．溶液のエントロピーは純溶媒より大きいため，溶媒分子が膜を通って溶液に入るのが，総エントロピーを増す自発変化になります．溶液に外から圧力をかけると溶媒の流れは止まり，かける圧力の最低値が"浸透圧"にほかなりません．

　半透膜を隔てて2種の溶液が接しているとき，どちらの浸透圧も同じ（等張）なら，正味の動きは起きません．けれど，溶媒と溶液を半透膜で仕切り，溶液のほうから圧力をかけると溶媒分子は，自然な浸透（溶媒→溶液）の逆，つまり溶液→溶媒の向きに動きます．その"逆浸透"を利用すれば，たとえば海水から飲み水がつくれるのです．

　理想溶液の場合，浸透圧と溶質濃度はきれいな関係で結びつきます．それを式にまとめたオランダのファントホッフ（Jacobus van't Hoff, 1852～1911）が，第1回のノーベル化学賞（1901年）に輝きました（訳注：名前の原語は，van と 't を必ず離して書く．'t は，英語の the にあたる冠詞 het の略記）．ファントホッフの式（浸透圧は溶質濃度と絶対温度に比例）は，溶質濃度ゼロの極限で成り立つ極限則のひとつですが，実在溶液を扱う出発点としてたいへん役に立つものです．

　ファントホッフの式は，ポリマーの分子量を決めるのに役立ちます．分子1個1個が重いポリマーは，分子数の点でほどほど濃い溶液がつくりにくいため，凝固点降下から分子量を見積もるのはむずかしい．けれど浸透圧は濃度にものすごく敏感だから，浸透圧の値から分子量を見積もりやすいのです．ただしそのとき，分子がたいへん大きく，理想溶液からのズレ

も大きいので，ファントホッフの式そのものは当てはまりません．だから測定結果の解析には，改良型の式を使います．

固体-固体の相転移

沸騰や凝固に比べると目立たない物理変化に，固相どうしの相転移があります．むろん物理化学の守備範囲ですが，研究者が多いのはむしろ応用物理の分野でしょう．固体-固体の相転移には，磁気的性質の変化や，金属→超伝導状態の変化を伴うものがあります．とりわけ超伝導にからむ相転移の研究は，いわゆる高温超伝導セラミックスの発見で大いに盛り上がりました．

固体-固体の相転移は，無機化学や地質化学，冶金学，材料科学一般の大きな研究テーマです．ときには物理化学者との共同作業で，相転移のしくみをつかみ，定量化する仕事が進んでいます．

先端テーマ

近ごろ物理化学者の関心を引く相転移が二つあります．ひとつは"自己組織化"といい，外から手を加えなくても分子どうしが集合し，ひとりでに複雑・精妙な構造体ができ上がっていく現象です．

もうひとつが，大きな分子内の局所構造変化です．うまくすれば情報のメモリーになるため，たとえば核酸塩基をつなげた"人工DNA"の構造変化に注目し，シェイクスピアの全作品くらい膨大な情報を蓄えようとする試みです．

6章　化学変化

　化学の話ならたいていは，物質そのものが変わる化学変化（化学反応）にからみます．むろん化学反応は物理化学でも中核を占めるから，なぜ原子たちが結合の相手を変え，新しい物質になるのかと，物理化学者は考えてきました．

　物理化学では化学反応を，おもに三つの面に分けて扱います．反応の向きと，反応の速さ，それに原子・分子レベルでみた反応のしくみです．反応の向きにはすぐあと（p.80）で触れるため，二つ目と三つ目をざっと眺めておきましょう．

　反応の速さを扱うのが**反応速度論**（reaction kinetics），測定で得たマクロ世界のデータに合う原子・分子レベルの出来事が，**反応機構**（reaction mechanism）だということになります．

　反応の速さ（速度）は，生化学や薬学，化学産業など，化学のいろいろな関連分野で注目点になるため，物理化学を織りなす太い糸の1本です．たとえば化学プラントの設計では，中間体や最終生成物ができる速さを確かめ，温度を上げるか触媒を使うかして反応を速めるのが欠かせません．また，"化学反応の集合体"といえる生物の体内では，反応それぞれの速さのバランスが，全身の"恒常性"を保ちます．反応のどれかが速すぎても遅すぎても体調がくずれ，ときには死に至るのです．

　反応の速度を測り，濃度や温度の効果をつかめば，望みの速さで反応を進め，適切な触媒を選ぶのに役立ちます．また，原子・分子レベルの機構

がわかってくると，そうした条件いじりにも確信がもてるでしょう．

　化学変化は，ただ反応物を混ぜ，熱して起こすものだけではありません．光エネルギーが起こす"光化学反応"を調べる**光化学**（photochemistry）の分野も，物理化学者が拓きました．光化学反応のうち何よりも大切なのが，太陽光エネルギーを駆動力にして進み，食物連鎖の原点となる光合成です．光合成のしくみを突き止め，人工的にまねる分野でも，昨今は物理化学者が活躍しています．

　さらには，電気エネルギーと化学変化のリンクを掘り下げ，たとえば電池の開発・普及で暮らしと産業を支える**電気化学**（electrochemistry）も，物理化学の大切な守備範囲になります．

自発反応

　反応速度の考察に先立ち，物理変化（5章）と同じく，化学変化の"自発性（進む向き）"を熱力学で考えましょう．

　化学反応の理解に向け，19世紀後半に物理化学者がまず切りこんだテーマは，反応が自発的に進む向きをつかむことでした．ただし，"自発性"と"速さ"に直接の関係はないため（2章, p.27），目的地に"どれほど早く"着けるのかを考える前に，"どこへ向かうのか"を確かめようというわけです．

　自発変化の向きとなれば，むろん化学熱力学の出番です．化学熱力学を使うと，反応混合物が平衡になったときの組成も計算できます．化学平衡も物理平衡（5章）と同様，変化が休みなく両向きに進んでいる動的平衡，つまり"生きている平衡"なので，条件を変えるとどちらかの向きに動き，新しい平衡状態に変わります．

　もう少し踏みこみましょう．化学反応が自然に進む向き，いわば"時間の矢"も，物理変化と同じで，"宇宙の総エントロピーが増す"向きになります．その場合，2章で説明したとおり，外界のエントロピー変化もいちいち当たって"総エントロピー変化"を見積もる必要はありません．圧力と温度が一定なら，試験管内にある"系"のギブズエネルギー変化だけ

6章 化学変化

を考えれば，外界と合わせた"総エントロピー"が増すのか減るのかを確かめたことになるのです．

反応の出発点ないし途中段階のどこか，つまり反応が"進みきっていない"時点を考えましょう．生成物が増えるとギブズエネルギーが減るなら，その向きが自発変化の向きなので，反応は右に進む．反対にギブズエネルギーが増えるなら，"反応物←生成物"が自発変化の向きになる——というのが，化学熱力学の結論でした．また，物質群がどう変化してもギブズエネルギーが増えるようなら，反応は平衡になっています．

自発変化の向きがどうなるかは，やはり物理変化（5章）と同様，物質それぞれの化学ポテンシャルを使って見積もれます．化学ポテンシャル（の総和）を反応物と生成物で比べたとき，反応物の値が大きいなら"反応物→生成物"が自発変化，生成物の値が大きいなら"反応物←生成物"が自発変化です．両者に差がなくなったとき，"化学の綱引き"は膠着状態になり，それが化学平衡だということになります．

反応混合物の組成と化学ポテンシャルの関係はわかっているため，平衡になった混合物の組成は計算できます．3章（p. 45）でみたように，反応が完全には進みきらず，どこかで平衡になるのは，反応物と生成物の混じりあいがエントロピーを増やすからでした．

ふつう平衡組成の計算では，まず，反応物と生成物の濃度を使って書いた**反応商**（reaction quotient）Q というものを考えます．Q は，反応がまだ進行中の混合物について，生成物の濃度を反応物の濃度で割った"濃度比"だと思ってください（大ざっぱにいうと，$Q>1$ なら生成物が多く，$Q<1$ なら反応物が多い）．熱力学の考察により，Q の値から反応系の全ギブズエネルギーが計算できます．

ギブズエネルギーが最小になったとき，つまり"化学の綱引き"が一進一退になったときの Q を，とくに**平衡定数**（equilibrium constant）とよび，文字 K で表します．温度に応じて値がひとつに決まる K は，化学のどこにでも顔を出します．

K が大きくてたとえば1000なら，平衡混合物は反応物をほとんど含みません．逆に K が小さくてたとえば0.001なら，平衡混合物中に生成物は

ほとんどないため，生成物を増やす手段を考えます．また K が1に近ければ，平衡混合物中で反応物と生成物は似たような量になるので，適当な方法で生成物を分けとることになります．

平衡定数 K とギブズエネルギー変化の関係（化学熱力学の基本式）は，化学熱力学のエッセンスを凝縮したものです．たいへん地味な熱量測定から得られるギブズエネルギー（2章）と，具体的な化学変化の行き着く先（平衡組成）を結びつけ，反応のデザインや条件設定に欠かせない関係なのですから．

補足 化学熱力学の基本式を書いておく．純粋な反応物がそのまま純粋な生成物になるときのギブズエネルギー変化を $\Delta G°$，温度を T，気体定数を R $(=N_A k)$ としたとき，$\Delta G° = -RT \ln K$ が成り立つ．$\Delta G° < 0$（自発変化）なら $K > 1$，$\Delta G° > 0$（非自発変化）なら $K < 1$，$\Delta G° = 0$ なら $K = 1$ となる．■

平衡定数 K の値は温度で変わり，K と温度の関係は，ギブズエネルギー G の定義 $(G = H - TS)$ にからみます．浸透圧を研究したファントホッフ（5章，p.77）は，化学平衡に温度 T とエンタルピー H がどう影響するかも調べました．その結果，発熱反応（H が減る反応）は高温ほど K が小さく，吸熱反応（H が増す反応）は高温ほど K が大きいのを見つけています．

ハーバーとボッシュがアンモニア合成に挑んだとき，そのことが壁のひとつになりました．アンモニアの生成（$N_2 + 3H_2 \rightarrow 2NH_3$）は発熱反応だから，反応を速めようとして温度を上げれば，平衡定数が小さくなる（アンモニアの収量が減ってしまう）のです．壁を突破するには，よい触媒を使って反応を速めるのが絶対でした．

反 応 速 度

何度か触れたように熱力学は，変化の"速さ"については何も言いません．"自発変化"の化学反応にも，たいへん遅いものがあるし，事実上"進まない"ものも多いのです．反応速度論は，"沈黙する"熱力学に代わり，

反応の速さ（反応速度）についていろいろなことを教え，ときには反応を速める方法のヒントをくれます．

　反応の"速度"とは何でしょう？　ふつうは，ある成分の濃度の変化量を，変化にかかった時間で割ったものです．走行中に変わり続ける車のスピードと同様，反応速度も時々刻々と変わります．濃度測定の時間きざみを0に近づけた極限が，車の瞬間速度に似た反応の"瞬間速度"です（測定法の紹介は省きます）．ふつう反応は進むにつれて遅くなり，ついには平衡に達すると考えましょう．

　以下では，瞬間速度をただ"速度"とよびます．反応の速度は，反応物や生成物の濃度とかなり単純な形で結びつき，それを表すのが反応の**速度式**（rate law）です．ふつう速度式は，1個ないし数個の**速度定数**（rate constant）という量を含みます．ただし"定数"とは，"物質の濃度に関係しない"という意味にすぎず，値は温度で変わります．たいていの反応は，温度が上がると速度定数が大きくなるため，速く進むのです．

　反応速度が反応物の濃度に比例する反応を"一次反応"，濃度の2乗に比例する反応を"二次反応"といいます（"反応次数"が1, 2ともいう）．なにごとも筋のいい分類をしたら扱いやすいように，反応も一次・二次…と分類し，共通の性質をもとに解析するわけです．

　一次反応か二次反応かで，時間とともに反応物の減っていくようすが変わります．速度定数が大きいほど減りかたも激しいのですが，反応開始直後の"初速度"が等しい一次反応と二次反応を比べたとき，"尾を引く"時間は二次反応のほうが長くなります．身近な例をひとつあげましょう．ふつう大気汚染物質は二次反応で消えていくため，低濃度になったあとの汚染物質はなかなか消えてくれません．

　反応式を見ただけで，反応の次数（たとえば一次か二次か）はわかりません．見た目は単純な反応の速度式も，ずいぶん複雑な形になったりするのです．反応式を見て一次に思える反応（分子が分解するだけの反応など）がじつは二次だったり，二次に思える反応（2種の分子が衝突して始まる反応など）がじつは一次だったりします．

　反応式をただ見て推測するのではなく，反応物の濃度と速度の関係を実

測し，そのへんを交通整理するのも反応速度論です．測定結果から**反応機構**を想定し，ミクロ世界で何が起きているのかを考えます．たとえば，ある段階（素反応）で2個の分子がぶつかる結果，分子1個のエネルギーが激増する（相手のエネルギーは激減）．続く素反応では，高エネルギーになった分子が分解して生成物ができる…というふうに．

素反応それぞれの速度式（いまの例なら1段目が二次反応，2段目が一次反応）を組み合わせ，反応の全体を表す速度式（総反応速度式）を書きくだします．測定結果が速度式に合えば，想定した機構は"候補のひとつ"といえるのです．合わないなら別の機構を考えます．

ただし，たとえ総反応速度式が測定結果に合ったとしても，反応機構が"正しい"とはかぎりません．別の反応機構でも，同じ速度式になるかもしれないからです．だから，想定した機構が正しいと言うには，別の証拠もとりそろえなければいけない．このように，反応機構の当否を決める作業は，動かぬ証拠が要求される裁判に似ています．

ときには，反応全体の速度を決める段階（素反応）が特定できます．いくつかの段階を通って進む反応なら，いちばん遅い段階，つまり**律速段階**（rate-determining step）です．律速段階の前にある素反応は，どれも律速段階より速いから，全体の速度にはさほど影響しません．6車線の高速道路が1車線の橋につながっていれば，ルート全体の流れは，橋を通り抜ける速さで決まりますね．その橋が律速段階だというわけです．

🌸 反応速度と温度

たいていの反応は，温度を上げると速くなります．温度で変わるのは速度定数だけだから，速度定数が大きくなるのですね．その関係は1889年，スウェーデンの物理化学者アレニウス（Svante Arrhenius, 1859〜1927）が提案しました（1903年ノーベル化学賞）．アレニウスは，温度で変わる2種類の項を使って速度定数を表しましたが，そのうち，反応の**活性化エネルギー**（activation energy）を含む項が，温度とともに急変します（もうひとつの"衝突因子"は，温度でさほど変わらない）．活性化エネルギー

の大きい反応ほど，温度が上がるにつれて急激に速くなります．

ほとんどの化学反応は，結合のどれかが切れるからこそ始まります．そうした皮切りの"結合切断"に必要なエネルギーが，活性化エネルギーだと考えましょう．

補足 速度定数 k を表すアレニウスの式は，活性化エネルギーを E_a，第二のパラメータ（衝突因子）を A として，$k = A e^{-E_a/RT}$ の形に書ける．■

アレニウスの式に現れる2種類の項は，気体反応の**衝突理論**（collision theory）からきました．気相中の反応は，とにかく分子どうしが衝突しないと始まらないので，速度定数は衝突頻度に比例するはずですね．分子どうしの衝突頻度は，気体の分子運動論で計算できます（4章，p.53）．

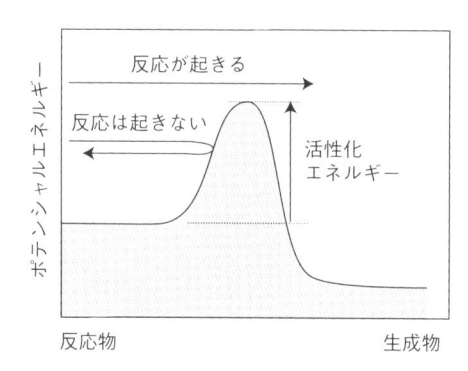

図21 反応物と生成物を隔てる壁の高さが，活性化エネルギー（反応開始に必要な最小エネルギー）E_a にあたる．E_a 以上のエネルギーをもつ分子だけが壁を越える．

ただし，衝突すれば必ず結合が組み替わるわけでもありません．結合の組み替えが起こるには，衝突のとき分子の得るエネルギーが，どこかの結合を切るエネルギー（つまり活性化エネルギー）を超さなければいけない（図21）．分子の運動エネルギーは，ボルツマン分布（3章，p.38）に従う——以上を総合すると，アレニウスの式が出てきます．温度が上がる

と，分布が高エネルギー側に延び，ぶつかり合ったときに活性化エネルギー以上のエネルギーを得る分子の割合が増す．その結果として反応速度が上がるわけです．

いま考えたような気相反応は，大気の組成や化学産業と密接にからみますが，多くの化学反応は溶液中で進みます．溶液中だと，真空中を猛スピードで飛び交う分子が衝突するというイメージにはなりませんが，"分子どうしの出合い"と"活性化エネルギー越え"の本質は変わりません．

溶液中の分子たちは，（自由に飛ぶのではなく）押し合いへし合いを続けているイメージです．そんな環境で反応物の2分子が互いに近づき，なにごともなければまた別れていく．近寄った2分子には，溶媒分子もぶつかってきます．そのとき，活性化エネルギー以上のエネルギーを溶媒分子からもらえば，2分子は反応し，生成物になるのです．

反応の活性化エネルギーが十分に小さいと，2分子が出合い頭に結合を組み替えるイメージになります．まわりの分子をかき分けて進む"拡散"が全体の速度を決める"拡散律速"の反応です．先ほどのたとえを使うと，1車線の橋（拡散）を通ったあと6車線の高速道路（反応）に入るわけです．ただし，障害物を押しのけながら動く拡散の段階でも，小さいながら活性化エネルギーの山を越える必要があります．

反応の活性化エネルギーが大きいと，"活性化律速"になります．反応物の分子はしじゅう衝突していても，結合の組み替えはめったに起きません．活性化律速では，6車線の高速道路が拡散，1車線の橋が反応にあたります．

溶液中の反応は，米国の化学者アイリング（Henry Eyring, 1901〜81）が1935年にモデル化しました．なんともめざましい成果だったのにノーベル賞を受賞できなかったのは，ルイス（1章）の場合に似た科学スキャンダルの類でしょう．アイリングの提唱した**遷移状態理論**（transition-state theory）では，反応物どうしゆるく結合した原子集団（遷移状態）ができ，集団が壊れながら生成物になっていくと考えます．

遷移状態理論は統計熱力学（3章）を使って表現するため，そこでもボルツマン分布がコアになります．遷移状態理論は，酸化還元反応や電気化

学反応を含む多様な反応の素顔を明るみに出してきました．今後は，ミクロ世界とマクロ世界の中間にある原子・分子集団（クラスター）のモデル化が，挑戦課題のひとつでしょう．

触媒反応

　反応を速める物質が**触媒**（catalyst）です．"媒"は仲人（媒酌人）の意味だから，漢字は触媒の役目をよく表しています．物理化学は，触媒の働きをつかみ，新しい触媒を開発する営みに深くかかわってきました．たいていの化学産業では触媒が命となるため，世界経済は触媒の研究開発が支えてきたといってよろしいでしょう．

　生物の体内で働く触媒は，酵素という大きなタンパク質の分子です．酵素は効率がよくて選択性にすぐれ，細胞内で進む数百種以上の化学反応それぞれに，専用の酵素が働いています．生命とは，酵素の働きだといっても過言ではありません．

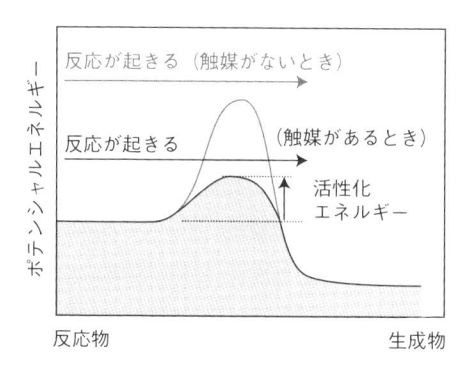

図22　触媒反応のイメージ．触媒は活性化エネルギーの小さい経路を提供する．

　どんな触媒も，反応が進みやすい経路を用意します．図21のイメージでいうと，触媒があれば，ないときに比べて活性化エネルギーが下がるのです（図22）．どんな化学反応も，出発点は反応物の"結合切断"だから，特定の結合を（引き伸ばすなどして）切れやすくするのが触媒だと考えま

しょう．

　産業で使う固体触媒は，まず，表面にやってきた反応物をとらえます（反応物の吸着）．ミクロ世界のイメージでは，反応物の原子1個が表面の原子1個にくっつく，と思ってかまいません．表面に吸着した反応物の中では，特定の結合が引き伸ばされて切れやすくなるから反応が始まり，生成物になっていくわけです．

　触媒の開発では，触媒表面の原子配列を知るのが第一歩になります．そのあと，やってきた分子が表面原子にどう吸着し，どの結合が切れ，新しい結合がどのようにできるかをつかむのが要点です．さまざまな実験法を使い，データ取得にもモデル化にもコンピュータを多用します．1980年代に強力な表面観察手法（7章，p. 103）が登場し，性能も向上したため，表面で起こる出来事が原子レベルでわかるようになってきました．

　生体触媒（酵素）を調べるとき，人工触媒の場合とはちがう方法を使いますが，コンピュータを主力にするのは同じです．酵素の研究は，物理化学，分子生物学，生化学，薬学の共同作業で進めます．

　広い領域に及ぶうちで，酵素反応ほど"形"が効くものはありません．人工触媒だとおおむね平らな固体表面で反応が進むのに，精妙なつくりの酵素は，"料理すべき分子＝基質"だけをつかまえ，"活性サイト"という場所で料理する（ときには生成物をつぎの酵素に渡す）——という離れ業をこなすのです．反応によっては，1分子の酵素が1秒間に数十万個もの基質分子を処理します．なんともすごい能力ですが，けっして空想の数字ではありません．

　酵素の働きが狂うと，体の健康は保てません．酵素分子の形が変わって本来の基質を認識できなくなったり，外から侵入した分子が活性サイトをふさいでしまったりするときです．ただし，形が命だという点は，治療薬開発のガイドになります．酵素分子のこまかい構造がわかっていれば，"狂った"酵素の働きを抑える分子や，"眠りこんだ"酵素の目を覚ます分子を設計できるかもしれないからです．

　薬学者や物理化学者は，酵素の活性サイトに薬剤の分子がどう結合するかのモデル化で，いまやコンピュータの大ユーザーになりました．

光化学

　光エネルギーが起こす光化学反応は，あらゆる生命活動の源となる光合成のしくみ解明でも，励起（活性化）状態の精密制御という面でも，物理化学者の関心を大いに集めます．とりわけ，波長（振動数）の純度がたいへん高く，ごく短いパルスにもできるレーザーの登場が，光化学の研究を様変わりさせてきました．

　レーザー光を使えば，ごく短い時間内の化学変化を追えるのです．いまフェムト秒（$1\,\mathrm{fs} = 10^{-15}\,\mathrm{s} =$ 千兆分の 1 秒）台の測定はむずかしくなく，いずれは，化学反応が凍結して物理学の世界となるアト秒（$1\,\mathrm{as} = 10^{-18}\,\mathrm{s}$）にも届くでしょう．

　安定な"基底状態"の分子が光を吸収すると，1個の電子が光子エネルギー分だけ高い"励起状態"に上がり，その励起状態から，いろいろな物理現象と化学現象が進みます．ごく短時間で終わる現象もあるため，当てる光がパルスなら，どんなことが起こるかを調べやすいわけですね．

　励起状態で進む物理現象には，**蛍光**（fluorescence）や**リン光**（phosphorescence）とよぶ発光があります．蛍光とリン光はおおむね発光の持続時間で区別し，ほぼ瞬間的に消える発光が蛍光，ほどほどに続く発光がリン光です．蛍光になるかリン光になるかは，励起状態の性質が決めるとわかりました．蛍光は，励起状態の電子がそのまま基底状態に戻る変化です．"そのまま"は，"同じスピン"を意味します．かたや，励起状態でスピンを反転させた電子が基底状態へ戻るときに出るリン光は，スピンの反転に少し時間がかかるため，しばらく続くのです（"しばらく"とはいっても，1マイクロ秒〜1ミリ秒の話ですが）．

　励起分子めがけて拡散してきた別の分子が，励起エネルギーを"かっさらい"，蛍光を減らす現象を"消光"といいます．実験法をくふうすれば，"消光剤"の濃度と消光効果の関係から，分子の動きが追跡できます．ごく短いパルス光で分子を励起し，1〜100ナノ秒の時間域で蛍光強度の変化（減衰）を追えば，励起状態から起きるさまざまな出来事の速さを見積もれたりもするのです．

物理現象はこれくらいで切り上げ，化学現象を眺めましょう．励起分子は大きなエネルギーをもっているため（たとえば可視光と同じエネルギーを熱で与えるなら，約 20 000 ℃ の高温が必要），基底状態ではまず起きない化学変化も進みます．たとえば，受けとったエネルギーで自分自身が分解すれば，できるのは不対電子をもつ"ラジカル"です．

　共有結合とは，A と B を原子として，"A：B" の中央に描いたような電子対の共有でした（1 章, p. 14）．励起分子が分解し，二つのラジカル"A・"と"・B"ができたとします．ラジカルは"猛り狂ったスズメバチ"ほど活発だから，元どおりのペアになるための電子 1 個を求めて，ほかの分子に襲いかかる．そんな攻撃がまたラジカルを生むことがあり，そうなったら，爆発的に進む連鎖反応です．紙や油の燃焼も"ラジカル連鎖反応"の形で進みます．

　水素と塩素の混合気体を容器に入れたとしましょう．暗い場所では何も起こらず，混合気体はいつまでも変わりません．けれど可視光を当てると，光エネルギーで塩素分子がラジカル分解して連鎖反応の引き金になり，水素と塩素から塩化水素ができていきます．

　励起分子が反応を仲立ちするだけのこともあります．ある分子 A と衝突したとき，A にエネルギーを渡す結果として A が化学反応し，自分は基底状態に戻るのです（"増感剤"の働き）．大気の高層では，ラジカル反応も含め，そんな反応がたえず起きています．反応の引き金になるのは，太陽から来る高エネルギーの紫外線です．人間活動の出す安定なフロン類が成層圏まで上がり，強い紫外線を吸収して生じるラジカル（一酸化塩素ラジカル）が起こすといわれる**オゾン層**（ozone layer）の破壊も，そうした例のひとつになります．

　地球上で最大規模の光化学反応が，植物の**光合成**（photosynthesis）です．太陽の光エネルギーを駆動力にして CO_2 と H_2O から炭水化物をつくり，全生物を養っています．光合成器官で働くクロロフィル分子などの性質は，物理化学者が明るみに出してきました．光合成の原理だけをまね，無機材料を使って太陽光を電気エネルギーに変えるのが，太陽電池だということになります．

電気化学

　化学変化と電気エネルギーのからみ合いを調べる電気化学は，かつて熱力学第二・第三法則の確立に大きな役割を演じました．昨今は，自発的な化学反応のギブズエネルギー変化を電気エネルギーに変える電池と，電気エネルギーを使う"ものづくり"が，暮らしと産業を支えています．電気化学反応は**酸化還元反応**（oxidation-reduction reaction = redox reaction）なので，酸化還元反応のことを振り返っておきましょう．

　近代化学が芽生えたころ"酸化"は，"酸素と結びつくこと"でした（燃焼が典型）．原理を調べるにつれ，酸素が関係しないのに似た趣で進む反応も含め，物質中の原子が"電子を失う"反応を，酸化とよぶことになります．電子は分子をまとめ上げている"糊"だから，たいていの酸化で物質は，電子と一緒に"原子や原子団も失う"のですが，ともかく酸化の本質は"電子の放出"だとわかりました．

　同じように，初期のころ"還元"は，鉱石を炭素（溶鉱炉の場合）や水素と反応させ，鉱石から金属をとり出す（元の金属に還す）という意味でした．けれど酸化と同様，鉱石の反応にかぎらず，物質中の原子が"電子をもらう"反応を，還元とよぶことになります．

　まとめると，電子を失うのが酸化，電子をもらうのが還元です．何かが失った電子は別の何かが必ず受けとり，酸化と還元はセットで起こるから，"酸化還元反応"とよぶのです．ふつうの環境に自由な電子はないため，電子は必ず原子や原子団を引きずって動くことになります．

　自発的に進む酸化還元反応から電気エネルギーをとり出すには，酸化と還元の進む場所を分け，酸化で出た電子を，還元の進む場所へと動かせばよろしい．ふつうは，電極（金属など）に向けて送り出した電子が，導線を通って外部回路を動き，別の電極で何かを還元します．それが電池の原理ですね（**図23**）．

　電池の逆が電解です．2本の電極に一定値以上の電圧をかけ（電気エネルギーを与え），プラス極（陽極）が何かから無理やり奪った電子を外部回路に送りこみ，マイナス極（陰極）で何かに渡す．つまり，電源からの

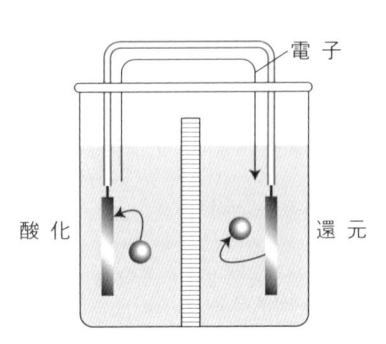

電気エネルギーを使い，自発的には進まない化学変化（水→水素＋酸素など）を強制的に起こすのです．ちなみに，電圧1V分のエネルギーを熱で与えるとすれば，約7400℃の高温が必要になります．

図23 自発的な酸化還元反応を利用する電池．酸化で出た電子が左手の電極に移ったあと，外部回路を通って右手の電極に達し，そこで何かを還元する．

電気化学は，学術面でも実用面でもたいへん大きな意味をもちます．学術面でいうと，たとえば反応のギブズエネルギー変化は，反応からとり出せる最大の非膨張仕事でした（2章，p.32）．電池の両極に現れる電位差（起電力）は，非膨張仕事（電気的仕事）に比例するため，起電力の値から反応のギブズエネルギー変化がわかるのです．

2章で私は，熱力学が"性質どうしの意外な関係"を教えると言いました（p.34）．電気化学系は，その好例になります．起電力と温度の関係をくわしく解析すれば，反応のエンタルピー変化やエントロピー変化がわかるのです．だからこそ電気化学は，熱力学の芽生え期に大きな役割を演じました．

電気化学では，電子が動く速さも関心の的になります．電極表面で進む電子移動の速さを決める要因がわかれば，電池の性能アップにつながるからです．

電子移動は，生命の営みにも密接にからみます．生化学反応には，電子のやりとりで進む酸化還元反応が多いからです．食品のカロリー値から計算するとヒトは"ほぼ100ワットの機械"だから，体内の電位差を平均1

ボルトとみれば，"ほぼ100アンペアの機械"だともいえますね．

ヒトが呼吸でとりこむ酸素は，約60兆個の細胞すべてに運ばれ，ミトコンドリア内の"呼吸鎖"で酸化剤になります．酸素が炭水化物などを酸化するときに出てくるギブズエネルギーが，あらゆる生命活動の源です．酸化（つまり電子移動）がどんな速さで進むかは，呼吸を織り上げるさまざまな段階の理解に欠かせません．

かつて熱力学の確立を助け，ひいては物理化学の成熟を助けた電気化学は昨今，実用面でますます存在感を強めてきました．いうまでもなく，モバイル機器に欠かせない電池や蓄電池の開発・改良と，輸送を含む将来のエネルギー利用を刷新するかもしれない燃料電池の開発です．すぐれた電極や電解質を見つけ，電池の性能向上を目指す分野では，物理化学者が活躍しています．

大量のお金とエネルギーをつぎこんでつくる金属製品も，母なる自然の中で熱力学第二法則が働く結果，しだいに腐食していきます．"金属の持病"ともいえる腐食の被害はすさまじく，米国だけで損失額は年におよそ30兆円（訳注：日本は約4兆円）．腐食は酸化還元反応だから，しくみの解明も防止策のくふうも，電気化学の研究者がしてきました．

反応機構

反応のとき分子レベルではいったい何が起きるのか——それが反応機構（反応のしくみ）です．実測の反応速度と濃度の関係から推定できることもありますが，ここでは気相反応にかぎり，もっと直接的な形の実験法を紹介しましょう．

いちばんわかりやすいのが，**分子ビーム**（molecular beam）を使う実験でしょう．真空の容器内に分子を飛ばし，2種類の分子をぶつけたときの出来事を観測します．ただ飛ばすのではなく，飛ぶ速さを（つまり衝突の瞬間に分子がもつ運動エネルギーを）こまかく調節したうえ，分子がどう変化するのか調べるのです．運動エネルギーだけでなく，分子の振動・回転状態も制御した実験や，分子の向きまで制御した実験も不可能ではあり

ません．

　分子のビームは，容器に入れてある気体分子にぶつけてもいいし，別の分子ビームにぶつけてもいい．衝突のエネルギーが小さいと散乱しか起きませんが，十分に大きければ反応が起き，生成物がいろいろな方向に飛んでいく．生成物を検出し，どんな状態にあるのかを観測します．そうした実験をすると，精密に決まった状態の分子が，やはり精密に決まった状態の生成物になっていくようすを，ありありとつかめるのです．

　反応機構の研究は，コンピュータの活用で格段に進みました．いわゆる計算化学（コンピュータ化学）の分野です．2個の分子が近づけば，結合のどれかが伸びて切れ，別の結合がどこかにできて，分子それぞれのエネルギーが変わる．正確なエネルギーの計算は，いまのコンピュータでもそう簡単ではありませんが，一部の単純な反応についてはできるようになりました．

　ぶつかる分子のエネルギーが変化していくありさまは，**ポテンシャルエネルギー面**（potential energy surface）という図に描けます．空間を飛ぶ分子たちは，そんな"エネルギー空間"を動くとみてもいいのです．ポテンシャルエネルギー面の上で分子が動くルートは，まず古典力学（ニュートンの運動法則）で計算し，精度を上げるには量子力学（シュレーディンガー方程式）を使って計算します．

　ポテンシャルエネルギー面の上で分子たちが動くルートをこまかくたどれば，化学反応が進むときに原子レベルで何が起きるのか，まざまざとわかってきます．たとえば，分子Aが大きな運動エネルギーで標的分子Bにぶつかる場合，Aが高い振動状態にあるほど反応は起こりやすい，というふうに．また，同じ分子AとBの衝突でも，分子Aが特定の向きにあれば，Bの"防護壁"を打ち破りやすくなって反応が起きる，というふうに．

　物理化学では，マクロ世界の現象をミクロ世界の情報と結びつけるのが，目標のひとつになります．いまの例だと，ポテンシャルエネルギー面の上にできる分子の"足跡"から，速度定数の値や，その温度変化を計算したい．昨今は，そんなふうにミクロ世界とマクロ世界を結びつける研究がど

んどん増えてきました.

先端テーマ

　分子ビームの実験をする物理化学者と,ポテンシャルエネルギー面を計算して反応に"至る"衝突と"至らない"衝突を見分けたい計算化学者——彼らの課題は現在,同じやりかたで溶液中の反応も解析することにあります.ただし当面,気相の話をそのまま液相にもちこむのはむずかしそうです(コンピュータの性能が格段に上がれば話も変わりますが).とはいえ,気相の実験と計算が生む成果は,溶液中で進む原子レベルの出来事を想像するのに,ひいては化学一般の理解を深めるのに役立つでしょう.

　理論ではなく実験(実用)面にも,物理化学の出番はたくさんあります.とりわけ,光化学や電気化学を活用したエネルギー利用への貢献です.エネルギー関連の素子や装置を生み出すには,表面で進む変化を原子レベルでつかむ,高性能の触媒を見つける,いい電極材料を開発する,光化学活性を上げる,などがカギになります.そんな研究では,自然の生みだした光合成や酵素が,絶好のお手本になるでしょう.

　分子ビームの実験に話を戻せば,レーザー技術をさらに進めるのも,大きなテーマだといえます.レーザー光のパルス幅をさらに短くできれば,"凍結した化学反応"の姿を浮き彫りにできるのです.

　反応を追いかける古典的な方法も,まだ意義を失ってはいません.反応速度を精密に測れば,酵素の働きや,酵素活性を抑えるしくみが,さらによくわかってきます.魚や鳥の群れに似て,空間に美しいパターンを生む反応や,カオス的なパターンを生む反応についても,しくみの解明とコンピュータ上での再現が,物理化学の挑戦課題だといえましょう.

7章 ミクロ世界の探りかた

　試料が含む物質を特定し，量を確かめ，構造を突き止める——というのは"分析化学"の役割ですが，その基礎は物理化学が提供してきました．実験法の進化にも，データの解釈でも，物理化学者の関与はいよいよ深まっています．どちらの場合も，前章までに紹介した量子力学（分光法）や熱力学（熱化学や電気化学），反応速度論の知恵を総動員します．

　古くからある実験法は，二つのものが様変わりさせました．レーザーとコンピュータです．レーザーは分光測定の精度と反応追跡の効率をぐんと上げたほか，本書では説明しませんが，熱化学データの精度向上にも役立っています．ビーカーや試験管など昔ながらの実験器具はさておき，いまコンピュータがついていない測定機器は珍しいといえましょう．計算化学なら，むろんコンピュータそのものが研究の推進力になります．

分 光 法

　以下では簡単のため，電磁波の全体を"光"とよびましょう．波と粒子（光子）の両面をもつ光は，原子や分子の奥にひそむものを明るみに出します．光を物質に作用させ，相互作用後の波長や振動数をくわしく分析すれば，おびただしい情報が手に入るのです．ふつう**分光法**（spectroscopy）では発光，吸収，散乱，共鳴という四つの現象に注目します．使う光の波長範囲に応じ，実験のしかたはさまざまですが．

7章　ミクロ世界の探りかた

　発光分光（emission spectroscopy）を使うと，元素が特定できるうえ，原子のくわしい性質がわかります．たとえば熱のエネルギーをもらって励起状態になった原子は，安定な基底状態に戻るとき，元素に特有な光（発光スペクトル）を放出します．トンネルの内部を照らす黄色い光は，ナトリウム原子が出すのです．元素の特定に加え，原子の性質（とりわけ原子の電子エネルギー準位）も教えるからこそ，発光測定は量子力学の誕生を促しました．

　二つ目の**吸収分光**（absorption spectroscopy）では，波長（振動数）を連続的に変えながら光を試料に通し，通過後の強度を測ります．吸収分光は，使う波長範囲でつぎの三つに分類するのがふつうです．

　まず**マイクロ波分光**（microwave spectroscopy）は，おもに気体分子の回転状態を教えます．マイクロ波の光子エネルギーが，およそ回転エネルギー準位差にあたるからです．また，マイクロ波吸収スペクトルから，ときには結合の長さや結合角がわかります．ちなみにマイクロ波の"マイクロ"は"マイクロメートル（ミクロン）"ではなく，"電波のうち波長がいちばん短い"を意味します（電波の波長は100マイクロメートル～1メートル）．なお，電子レンジに使うマイクロ波は波長が12.2センチ（振動数2.45 GHz）だから，"センチ波"とよぶこともあります．

　続く**赤外分光**（infrared spectroscopy）に使うのは，波長1～100マイクロメートルの赤外線です．赤外線の光子エネルギーが，およそ分子の振動エネルギー差にあたるため，さまざまな振動が赤外線を吸収してできる"赤外吸収スペクトル"は，分子の"指紋"になるのです．

　さらに波長の短い（振動数の高い）光を使うのが，たいていの研究室に装置がある**紫外可視分光**（ulitraviolet/visible spectroscopy）です．紫外～可視の光子エネルギーは電子エネルギー準位差にあたるため，"指紋"ほどの精度はないにしろ，分子の特定に役立ちます．気体分子なら，励起したときの電子密度分布の変化が，分子の振動と回転を乱し，そのもようもスペクトルに現れるため，吸収スペクトルから，結合の"強さ"や"硬さ"も推定できます．液体中の励起分子だと，溶媒分子や仲間と衝突したときに吸収エネルギーが"ぼける"ため，幅の広いスペクトルになってしまい

ますが.

　発光・吸収に続く散乱は，ふつう**ラマン分光**（Raman spectroscopy）を指します．ラマン効果とよばれる現象は 1928 年にインドの物理学者ラマン（Chandrasekhar Raman, 1888〜1970）とクリシュナン（Kariamanickam Krishnan, 1898〜1961）が見つけ，ラマンは 1930 年のノーベル物理学賞を受賞しました（なぜかクリシュナンは受賞せず）．

　ラマン効果とは，光子と分子の "非弾性散乱"（ただ跳ね返るのではなく，エネルギーをやりとりする散乱）です．試料に可視光や紫外線を当てて生じる散乱光は，もとの光より振動数の低い光（ストークス散乱）と高い光（反ストークス散乱）を含み，ふつうはストークス散乱を観測します．振動数の変化分は，分子振動のエネルギー差にあたるから，赤外分光と同様，分子の特定や構造決定に役立つのです．

　非弾性散乱は，当てた光子ほぼ 100 億個あたり 1 回しか起きないうえに，エネルギー変化が小さくて散乱光が照射光とかぶりやすいため，現象の発見からしばらくは，化学研究室の日陰者でした．けれどレーザーが進歩して，一気に日の目を見たのです．レーザーは，強くてほぼ単一波長の光（単色光）だから，光子数不足と "かぶり" の問題を一挙に解消しました．顕微鏡と併用すれば，表面分析の武器にもなります．

　四つ目の共鳴は，たいへん大きな話題ですから，次の節をそっくり当てましょう．

磁気共鳴法

　マクロな物体もミクロな分子も，特有の振動数（固有振動数）で震えます．周期的に変わる力が外から来たとき，その振動数と固有振動数が一致すれば**共鳴**（resonance）が起こります．テレビもラジオも携帯電話も，電磁波（電波）の共鳴を利用するものだから，共鳴は私たちの暮らしに欠かせないといえましょう．

　じつは，先ほどの吸収分光も "共鳴" の類ですが，ここでは，化学でとくに大事な共鳴をとり上げます．**核磁気共鳴**（NMR = nuclear magnetic resonance）です．1940年代に物理学者が発明してたちまち化学に採用され，だいぶ前から，本格的な化学研究室では常備の測定装置になりました．NMRでは，強い磁石（基本は超伝導磁石）が分裂させたエネルギー準位の開きと，ラジオ波領域に入る光子のエネルギーを共鳴させます．

　多くの人は，そうとは知らず，ときどきNMRの"測定試料"になっています．病院などで受ける**磁気共鳴画像法**（MRI = magnetic resonance imaging）です．"核"という語を落としたのは，気の弱い患者さんをおびえさせないためでしょう．ちなみに，MRIを含めた体の断層撮影技術はCT（computerized tomography）と総称します．

　核磁気共鳴の核（nuclear）は，放射能とは直接の縁がない"原子核"のこと．電子には"スピン"という性質がありました（1章，p.7）．じつは，水素の原子核（陽子1個）など，一部の核（原子核）もスピンをもっています（炭素原子のうち量が最多の炭素12などはスピンがゼロ）．なお通常，磁気共鳴の話では陽子を"プロトン"とよぶため，以下でもプロトンを使いましょう．

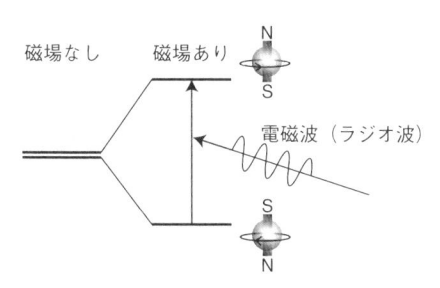

図24　NMRの原理．外部磁場が生むプロトンのエネルギー差に見合う振動数（エネルギー）のラジオ波を当てる．両方のエネルギーが一致したとき，ラジオ波の光子が吸収（共鳴吸収）される．

　スピン（自転）する電荷は"ミニ磁石"だから，スピンする核もミニ磁石とみてよく，自転の向きがN極とS極を決めます．だからプロトンは（電子も），時計回りか反時計回りに自転していると考えましょう．そこに外から磁場がかかれば，棒磁石の上方がN極かS極かで，エネルギーに差ができる．また，エネルギーの差は，かける磁場を強くするほど大きくな

るはずです（図 24）．

ラジオの"チューニング"では，電波と受信機の振動数を合わせます．NMRのチューニングは，磁場の強さでエネルギーの分裂幅を変えることです．汎用のNMR装置で使う磁場なら，エネルギーの分裂幅にあたる電磁波の振動数（500 MHz程度）が，ラジオ波の範囲になります（100 MHz程度のFM波より少し高い）．なお，ラジオ波の範囲だと，"振動数"より"周波数"がふさわしいため，以下では周波数とよびましょう．

プロトンのスピンを変えるだけなら，化学でNMRの出る幕はあまりありません．実のところ，ただの"共鳴吸収"を超す目覚ましい特徴が二つ（医療応用も含めれば三つ）あるのです．

ひとつは，同じ分子内でも，別々の場所にいるプロトンは，外部磁場とわずかにちがう磁場を感じているところ．外部磁場は，分子内の電子をかき混ぜて"環電流"をつくります．環電流が生む磁場は，外部磁場を少し強めるか弱めるように働くため，共鳴周波数に差ができる．そういう周波数のズレを"化学シフト"とよびます．化学シフトの大きさから，プロトンのそばにどんな原子や原子団があるのかわかるのです．

二つ目は，あるプロトンの生む磁場が，結合を1〜2個へだてた場所にあるプロトンの生む磁場と相互作用するところ．その相互作用が，なにごともなければ1本だった共鳴ピークを何本かに分裂させ，特有の分裂パターンをつくります．分裂の"微細構造"が"指紋"になって，分子の特定に役立つのです．

以上がNMRの原理です．NMR装置は少しずつ進化を続け，その進化には物理化学者が大いに貢献しました．現在，ほとんどのNMR測定では，ラジオ波の強いパルスを当ててプロトン群のスピンを反転させたあと，もとの安定状態に戻るようすを観測します．そうした**フーリエ変換NMR**（FT-NMR＝Fourier-transform NMR）では，一連のパルス照射で得られるデータを数学的に処理し，NMRスペクトルを抽出するのです．

パルス照射のくり返しパターンを調節したり，分子内の炭素12（磁性なし）を炭素13（磁性あり）に置換したり，リンやフッ素の核も観測できる装置を使ったり，分子内の特定箇所に磁性イオンを結合させたりすれ

ば，複雑な分子の特定に加え，分子の構造決定もできるようになります．

X線回折は，固体結晶の中で原子が並んでいるさまを知る測定法でした（4章，p.58）．かたや，細胞内など水溶液中にいる分子の構造を明るみに出せるNMRは，いわば物質の"自然体"を知る測定だといえましょうか．NMR装置の改良は今後も進み，ナノサイズの試料も観測できるようになるでしょう．

分子の構造に加え，液体に溶けた分子の動きや，細胞膜をつくる分子の動きも，NMRで追跡できます．ひょっとすると，量子コンピュータの実現でもNMRの役回りがあるかもしれません．"自らの行動を理解するNMR装置"は，まだ夢物語でしょうけれど．

NMRを利用するMRIは，軟組織を傷つけることなく状態の診断ができます．精密に制御した磁場とラジオ波を生体に浴びせ，多様な環境にあるプロトンの"緩和時間"から，体内のプロトン分布を三次元画像に描くのです．

この節の表題を"核磁気共鳴法"ではなく"磁気共鳴法"としたのは，ほかにも磁気共鳴法があるからです．そのうち**電子常磁性共鳴**（EPR＝electron paramagnetic resonance）とか**電子スピン共鳴**（ESR＝electron spin resonance）とよぶ測定法は，電子のスピンに注目します．ラジカル（6章，p.90）を含め，不対電子をもつ分子やイオンが対象なので，NMRより守備範囲はせまいのですが，一部の生体分子（ヘモグロビンなど）のような，不対電子をもつ分子の姿をつかむ測定法です．

質量分析法

分光法でも磁気共鳴法でも，測定の結果は"スペクトル"とよびます．どちらの場合も横軸は，エネルギーそのものか，エネルギーに比例する量（振動数，波数）や反比例する量（波長）です．**質量分析法**（mass spectrometry）の測定結果も"質量スペクトル"とよびますが，分光法や磁気共鳴法とちがって横軸は，分子が分解してできた断片の質量（正しくは"質量／電荷"比）にします．

原理はさほどむずかしくありません．まず，試料に高エネルギーの電子ビームやレーザーを照射する．そのとき気相に生じた分子イオン（ふつうは陽イオン）を電場で加速し，検出部に導いて数をカウントする．分子は照射のときに壊れ，いろいろな断片イオンができてきます．イオンの飛行ルートに磁場をかけると，重い断片より軽い断片のほうが大きく曲がるため，検出部では断片それぞれの量がわかります．また，どんな断片ができるかを見れば，試料分子の化学式や構造が推定できるのです．

質量分析は，有機化合物の特定に欠かせません．"飛ぶイオン"になりにくい巨大分子（タンパク質など）は，ポリマー材料など（マトリックス）に埋めこんで強いレーザーを当てるとイオン化し，できた断片イオンとともに飛び出ます（訳注：質量分析用の"ソフトレーザー脱離法"を開発した田中耕一氏が 2002 年のノーベル化学賞を受賞）．

質量分析と原理の同じ測定法，しかも質量分析より物理化学との縁が深い測定法を，二つだけ紹介しましょう．そのひとつ **光電子分光法**（PES ＝ photoelectron spectroscopy）は，分子内に束縛された電子のエネルギーを測るとか，固体表面の分子やイオンを特定するのに使います．

分子イオンを検出する質量分析とはちがい，PES で検出するのは，紫外線を吸収した分子から飛び出した電子です．電子を加速し，検出部でカウントするところに変わりはありません．かける電場や磁場の強さを変えながら飛行ルートを曲げると，飛び出た直後の電子がもっていた運動エネルギーがわかります．電子の運動エネルギーは，紫外線の光子エネルギーから分子内での束縛エネルギーを引いた値なので，束縛エネルギーがわかるわけです．

PES の測定データは，計算化学の結果が正しいかどうかの判断基準になります．つまり，コンピュータで計算したエネルギー値を検証するとともに，紫外吸収スペクトルだけではわからない分子の電子構造を明るみに出すのです．

もうひとつ，珍しく日常語めいた英語名の **X 線光電子分光**（ESCA ＝ electron spectroscopy for chemical analysis）があります．紫外線を使う PES とはちがい，ESCA で使うのは X 線です．光子エネルギーの大きい X

線は，核に近い軌道の電子（内殻電子）をたたき出す．化学結合にまず関与しない内殻電子のエネルギーは，元素それぞれの"指紋"になるため，ESCA は元素の特定に役立つのです．

表面観測

私たちの目にはツルツルの"面"でしかない固体表面も，原子や分子にもし"目"があれば，自分とほぼ同じサイズの球が並ぶ"ゴツゴツの構造物"に見えるでしょう．触媒（6章, p. 87）の働きを考えるときは，そんな表面を思い浮かべるのが肝心です．かなり最近，新しい観測法の開発と進化が，表面の研究を様変わりさせました．

突破口になった技術のひとつを，**走査型トンネル顕微鏡**（STM = scanning tunneling microscopy）といいます．"トンネル"は"トンネル現象"という量子力学の発想にちなむため，古典物理では手の及ばない世界です．量子力学にもとづく測定法あれこれと同じく，STM の測定データも，"ありえない"姿をしています．

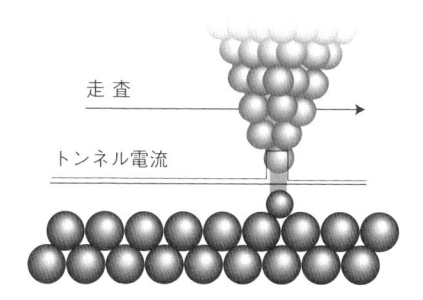

図25　STM の原理．電流値は探針−表面の距離に敏感だから，電流値をもとに原子レベル凹凸が画像化できる．

まず金属を細く引き，先端を極限までとがらせた"探針"をつくる．その先端を，固体表面すれすれの位置で，一定の"高度"を保ちながら"走査"する（測定モードはほかにもありますが）．探針と表面の間に電流が流れ，その大きさが表面の凹凸に応じて変わるため，電流値をもとに表面

の原子レベル凹凸を画像化できるのです（図25）．

探針の先端と表面原子の間（ギャップ）は，何もない真空です．古典物理なら，真空中を電子が行き来するはずはありません．でも量子力学だと，ミクロ世界に棲む電子は"広がりをもつ存在確率"だから，"トンネル現象"を起こします．トンネル電流は，ギャップの幅が少し変わるだけで激変するため，原子レベル凹凸を"見る"仲立ちになるのです．

STMは1981年にドイツの物理学者ビニッヒ（Gerd Binnig，1947～）とスイスの物理学者ローラー（Heinrich Rohrer，1933～2013）が発明しました（1986年ノーベル物理学賞）．以後，表面に並ぶ原子や，表面の原子レベル構造（"亀裂"や"段差"），吸着分子などの観測が続いてきました（図26）．真空中や空気中の表面ばかりか，溶液と接した表面の原子レベル観察もでき，電気化学（6章）に新風を吹きこんでいます．

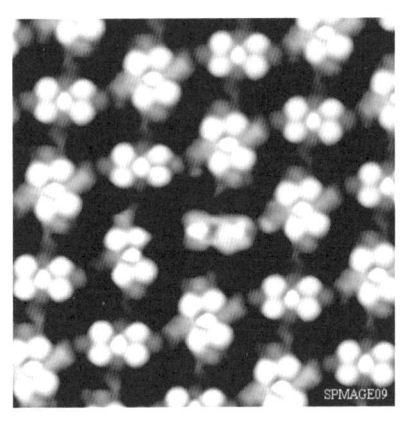

図26 原子レベルで吸着分子を見たSTM像〔ドイツ・ユーリッヒ総合研究機構，R.テミロフ博士提供．国際走査プローブ顕微鏡画像コンテスト（SPMAGE 2009）最終選考作品（http://www.icmm.csic.es/spmage）〕

STMの変種といえる**原子間力顕微鏡**（AFM＝atomic force microscopy）では，探針と表面原子の間に働く力（引力，反発力）を測って画像をつくります．AFMは，表面を"見る"だけでなく，"いじる"手段にもなりました．固体表面の原子1個を探針の先にとらえたうえ，表面上であちこち

動かし,"原子の文字"や"原子の図形"を描いたり,原子から分子をつくったりもできるのです.

　古典的な表面研究法もまだ使います.原子配列を"見る"以上の情報もほしいからです.たとえば触媒反応で表面が果たす役割を知るには,反応分子の吸着量や,吸着した姿が,大切な情報になります.

　表面で進む変化のモデル化や,圧力で変わる吸着量の測定,吸着にあたって出入りするエネルギーの推定などは,古くから物理化学者の得意分野でした.吸着には,分子がくっつくだけの"物理吸着"と,共有結合の切断や生成を(ときには分子の分解をも)伴う"化学吸着"があります.触媒反応では,分子が"変形"して反応しやすくなるため,化学吸着が本質になります.

　触媒反応は表面原子の上で進むため,表面積が大きいほど触媒の効果は上がります.表面積の測定法も,表面積を増やす方法も,物理化学者がくふうしてきました.小孔や空孔,チャネル(導通孔)など"実質的な表面"の多い"マイクロポーラス(微細孔)"材料が生まれ,1グラムあたりの表面積がテニスコートほどある材料もできています.

　ユニークな力学的・光学的・電気的性質を示し,"ほぼ表面だけ"といってよいグラフェン(4章,p.64)にも,近年,表面化学者は大きな関心を寄せています〔グラフェンの研究で2010年にガイム(Andre Geim, 1958～)とノボセロフ(Konstantin Novoselov, 1974～)がノーベル物理学賞を受賞〕.

レーザー

　物理化学のさまざまな側面を一新したレーザーは,いまや,ありふれた実験道具になっています.6章でみたとおり,レーザーが広く普及したのは,めざましい特徴が三つあるからでした(p.89).

　第一が光の強さです.ごく短いパルス1個も,おびただしい光子を含んでいます.だからこそ,非弾性散乱の効率がたいへん低いラマン分光も,"数を稼げる"レーザー光を使うと信号の検出・記録・解析がしやすくなって,

復活を果たしたのです．さらには，光源が強ければ，ふつうは"光子1個と分子1個"が相互作用するところ（アインシュタインの光化学当量則），2個以上の光子が分子1個と相互作用する"非線形光学現象"も起き，新現象の発見や分子構造の解明に役立つのです．

新現象のうちには，レーザー光を使う同位体分離や化学合成があります．振動数の変わらない光散乱（レイリー散乱．空を青く見せる現象）も，光源が強いと，ポリマーなど巨大分子のサイズを見積もったり，液体中の分子運動を探ったりするのに使えます．

二つ目はレーザーの単色性，つまり波長（また振動数）がほぼひとつに決まっているところです．単色性は，ラマン分光を表舞台に引き出したほか，光化学分野の実験で，励起状態のエネルギー準位を精密に決める手段にもなりました．

三つ目は，6章でも見たとおり，ごく短いパルスをつくれるところ．レーザー光の超短パルスを分子に当て，直後に別の光のパルスを当てると，励起直後の分子の吸収スペクトルが測れます．アト秒（10^{-18} s）台に迫りつつある短時間測定を積み重ねれば，かつては手の届かなかった時間間隔で化学反応を追跡できるのです．

波とみたときの光は"振動する電場"だから，強いレーザー光は強電場を伴います．なかなか想像しにくいのですが，うんと絞ったレーザー光は，"光のピンセット"として，調べたい小さなものを1点に固定する道具になります．また昨今は，"1分子のレーザー分光"も視野に入ってきました．1分子計測ができると，たとえば"仕事をしている酵素分子"の直接観察もできるでしょう．

コンピュータ

実験機器の類は，コンピュータが刷新しました．コンピュータは，電子エネルギーや振動エネルギーの計算に役立つほか，分子構造の量子力学計算にも使えます．たとえば，タンパク質分子をつくるアミノ酸の鎖がどう折りたたまれ，本来の機能を果たす精密きわまりない形になっていくのか

を，計算で突き止めるのです．

　分子構造の計算は，"分子力学"の分野と重なります．分子力学は，古典力学を使い（量子力学を使うのはまだむずかしい），分子内に働く力が，分子の全体（や部分）をどう動かせるのかを予想する分野です．分子内にどんな力が働いているかは，物理化学者が明らかにしてきました．

　古典力学とはいえ，計算はそう簡単でもありません．力には，分子全体に及ぶ"長距離力"と，原子どうしがほぼ接触したときにだけ働く"単距離力"のほか，"力"といえるのかどうか微妙なものもあります．微妙だという意味は，生体分子のまわりで休みなく運動している水分子が，あたかも力を及ぼすかのように，生体分子の動きに影響するからです．そうした効果をすべて考えたモデル化はまだむずかしく，昨今の重い研究テーマになっています．

　分光計やX線回折装置（X線回折用）も，いまはほとんどがコンピュータ制御です．たんに操作を自動化するだけでなく，データそのものをコンピュータ処理し，見た目をまったくちがう姿に変えて有用な情報を抽出する"フーリエ変換"も，いまや"あたりまえ"になりました．

　フーリエ変換のイメージを，ピアノの音階決めにたとえましょう．ピアノがもっている音域は，鍵盤を次々に叩けばわかりますね．そうではなく，まずピアノを高く吊り上げ，床に落としたときに出る（徐々に弱まっていく）大音響を記録したあとフーリエ解析しても，大音響の成分になっている音が1個1個わかるのです．つまり，一気に記録した全データから，必要な情報が抽出できる．そういうやりかたが，NMRなどの分光法でよく使われます．

先端テーマ

　昔ながらの測定法もたえず進化を続け，かつては想像もできなかった情報を抽出できるようになりました．かたや新しい測定法は，物質の意外な性質を明るみに出します．そうやって手に入る豊かな情報が，自然界を表すモデルの再解釈や進化を促すのです．

物理化学では，実験と理論の幸福な結婚が次々に実現してきました．実験は理論にヒントを恵み，理論は新しい実験を促します．理論の予想を確かめるだけの実験や，データの精度を上げるだけの実験もありますが，ともかく，物理化学に新風を吹きこむ実験は，これからも進化を続けるでしょう．

実験道具のひとつレーザーは，いまも新現象を次々と明るみに出し，新しい実験のヒントを提供し続けています．パルスの時間幅が短くなるにつれ，分子1個の構造やふるまいを調べる手段ができてきました．

コンピュータの計算パワーも上がります．複雑な系のシミュレーションが，想定外の（少なくとも私自身の想像力が及ばない）形で，原子レベルの出来事を明るみに出すでしょう．

昨今は，シンクロトロン放射光という超高強度の光源（ふつうは国が運営する大規模施設）を使い，タンパク質の動的なふるまいなど，原子レベルの情報がX線で続々と得られています．

表面で進む出来事も，いろいろな分光法と顕微鏡法を組み合わせ，くわしくわかるようになりました．珍しい姿の物質系，たとえば少数の原子集団を超低温に冷やしたときに量子効果が生む**ボース–アインシュタイン凝縮体**（Bose–Einstein condensate）も，進化する実験法のおかげで研究できるようになっています．

物理化学者は，古くから知られる物質や，おもしろい性質の物質，珍しい姿の物質を調べる技術の開発を支えるほか，休みなく進化する実験のデータから情報を抽出するのにも貢献します．かつては話題にもならなかったナノ材料など，斬新な物質系の解明には，同じく斬新な実験法と理論解析が欠かせません．生物学の方面でも，現象に目新しさはなくてもなにしろ複雑な生命現象には，コンピュータ解析とシミュレーションを武器に切りこみます．物理化学者は永遠に"失業"しないのです．

付録：元素の周期表

族	1	2	3	4	5	6	7	8	9	10	11	12	13	14	15	16	17	18
周期 1	1H 水素 1.008 (1s)^1																	2He ヘリウム 4.003 (1s)^2
2	3Li リチウム 6.941 (2s)^1	4Be ベリリウム 9.012 (2s)^2											5B ホウ素 10.81 (2s)^2(2p)^1	6C 炭素 12.01 (2s)^2(2p)^2	7N 窒素 14.01 (2s)^2(2p)^3	8O 酸素 16.00 (2s)^2(2p)^4	9F フッ素 19.00 (2s)^2(2p)^5	10Ne ネオン 20.18 (2s)^2(2p)^6
3	11Na ナトリウム 22.99 (3s)^1	12Mg マグネシウム 24.31 (3s)^2											13Al アルミニウム 26.98 (3s)^2(3p)^1	14Si ケイ素 28.09 (3s)^2(3p)^2	15P リン 30.97 (3s)^2(3p)^3	16S 硫黄 32.07 (3s)^2(3p)^4	17Cl 塩素 35.45 (3s)^2(3p)^5	18Ar アルゴン 39.95 (3s)^2(3p)^6
4	19K カリウム 39.10 (4s)^1	20Ca カルシウム 40.08 (4s)^2	21Sc スカンジウム 44.36 (3d)^1(4s)^2	22Ti チタン 47.87 (3d)^2(4s)^2	23V バナジウム 50.94 (3d)^3(4s)^2	24Cr クロム 52.00 (3d)^5(4s)^1	25Mn マンガン 54.94 (3d)^5(4s)^2	26Fe 鉄 55.85 (3d)^6(4s)^2	27Co コバルト 58.93 (3d)^7(4s)^2	28Ni ニッケル 58.69 (3d)^8(4s)^2	29Cu 銅 63.55 (3d)^{10}(4s)^1	30Zn 亜鉛 65.38 (3d)^{10}(4s)^2	31Ga ガリウム 69.72 (4s)^2(4p)^1	32Ge ゲルマニウム 72.63 (4s)^2(4p)^2	33As ヒ素 74.92 (4s)^2(4p)^3	34Se セレン 78.96 (4s)^2(4p)^4	35Br 臭素 79.90 (4s)^2(4p)^5	36Kr クリプトン 83.80 (4s)^2(4p)^6
5	37Rb ルビジウム 85.47 (5s)^1	38Sr ストロンチウム 87.62 (5s)^2	39Y イットリウム 88.91 (4d)^1(5s)^2	40Zr ジルコニウム 91.22 (4d)^2(5s)^2	41Nb ニオブ 92.91 (4d)^4(5s)^1	42Mo モリブデン 95.96 (4d)^5(5s)^1	43Tc テクネチウム (99) (4d)^5(5s)^2	44Ru ルテニウム 101.1 (4d)^7(5s)^1	45Rh ロジウム 102.9 (4d)^8(5s)^1	46Pd パラジウム 106.4 (4d)^{10}	47Ag 銀 107.9 (4d)^{10}(5s)^1	48Cd カドミウム 112.4 (4d)^{10}(5s)^2	49In インジウム 114.8 (5s)^2(5p)^1	50Sn スズ 118.7 (5s)^2(5p)^2	51Sb アンチモン 121.8 (5s)^2(5p)^3	52Te テルル 127.6 (5s)^2(5p)^4	53I ヨウ素 126.9 (5s)^2(5p)^5	54Xe キセノン 131.3 (5s)^2(5p)^6
6	55Cs セシウム 132.9 (6s)^1	56Ba バリウム 137.3 (6s)^2	ランタノイド 57〜71	72Hf ハフニウム 178.5 (5d)^2(6s)^2	73Ta タンタル 180.9 (5d)^3(6s)^2	74W タングステン 183.8 (5d)^4(6s)^2	75Re レニウム 186.2 (5d)^5(6s)^2	76Os オスミウム 190.2 (5d)^6(6s)^2	77Ir イリジウム 192.2 (5d)^7(6s)^2	78Pt 白金 195.1 (5d)^9(6s)^1	79Au 金 197.0 (5d)^{10}(6s)^1	80Hg 水銀 200.6 (5d)^{10}(6s)^2	81Tl タリウム 204.4 (6s)^2(6p)^1	82Pb 鉛 207.2 (6s)^2(6p)^2	83Bi ビスマス 209.0 (6s)^2(6p)^3	84Po ポロニウム (210) (6s)^2(6p)^4	85At アスタチン (210) (6s)^2(6p)^5	86Rn ラドン (222) (6s)^2(6p)^6
7	87Fr フランシウム (223) (7s)^1	88Ra ラジウム (226) (7s)^2	アクチノイド 89〜103	104Rf ラザホージウム (267) (6d)^2(7s)^2	105Db ドブニウム (268) (6d)^3(7s)^2	106Sg シーボーギウム (271) (6d)^4(7s)^2	107Bh ボーリウム (272) (6d)^5(7s)^2	108Hs ハッシウム (277) (6d)^6(7s)^2	109Mt マイトネリウム (276) (6d)^7(7s)^2	110Ds ダームスタチウム (281) (6d)^8(7s)^2	111Rg レントゲニウム (280) (6d)^9(7s)^2	112Cn コペルニシウム (285) (6d)^{10}(7s)^2	113Uut ウンウントリウム (284)	114Fl フレロビウム (289) (7s)^2(7p)^2	115Uup ウンウンペンチウム (288)	116Lv リバモリウム (293)	117Uus ウンウンセプチウム (293)	118Uuo ウンウンオクチウム (294)

s-ブロック元素　d-ブロック元素　p-ブロック元素

ランタノイド	57La ランタン 138.9 (5d)^1(6s)^2	58Ce セリウム 140.1 (4f)^1(5d)^1(6s)^2	59Pr プラセオジム 140.9 (4f)^3(6s)^2	60Nd ネオジム 144.2 (4f)^4(6s)^2	61Pm プロメチウム (145) (4f)^5(6s)^2	62Sm サマリウム 150.4 (4f)^6(6s)^2	63Eu ユウロピウム 152.0 (4f)^7(6s)^2	64Gd ガドリニウム 157.3 (4f)^7(5d)^1(6s)^2	65Tb テルビウム 158.9 (4f)^9(6s)^2	66Dy ジスプロシウム 162.5 (4f)^{10}(6s)^2	67Ho ホルミウム 164.9 (4f)^{11}(6s)^2	68Er エルビウム 167.3 (4f)^{12}(6s)^2	69Tm ツリウム 168.9 (4f)^{13}(6s)^2	70Yb イッテルビウム 173.1 (4f)^{14}(6s)^2	71Lu ルテチウム 175.0 (5d)^1(6s)^2
アクチノイド	89Ac アクチニウム (227) (6d)^1(7s)^2	90Th トリウム 232.0 (6d)^2(7s)^2	91Pa プロトアクチニウム 231.0 (5f)^2(6d)^1(7s)^2	92U ウラン 238.0 (5f)^3(6d)^1(7s)^2	93Np ネプツニウム (237) (5f)^4(6d)^1(7s)^2	94Pu プルトニウム (239) (5f)^6(7s)^2	95Am アメリシウム (243) (5f)^7(7s)^2	96Cm キュリウム (247) (5f)^7(6d)^1(7s)^2	97Bk バークリウム (247) (5f)^9(7s)^2	98Cf カリホルニウム (252) (5f)^{10}(7s)^2	99Es アインスタイニウム (252) (5f)^{11}(7s)^2	100Fm フェルミウム (257) (5f)^{12}(7s)^2	101Md メンデレビウム (258) (5f)^{13}(7s)^2	102No ノーベリウム (259) (5f)^{14}(7s)^2	103Lr ローレンシウム (262) (6d)^1(7s)^2

f-ブロック元素

本周期表の原子量欄は、日本化学会原子量専門委員会が独自に作成した原子量表に従う。　©2014 日本化学会原子量専門委員会.

参 考 書

本書に抜粋した物理化学の発想は，いままでつぎの本に紹介してきた．

"Four Laws that Drive the Universe," Oxford: Oxford University Press (2007).

邦訳：斉藤隆央訳，"万物を駆動する四つの法則——科学の基本，熱力学を究める"，早川書房(2009).

原著は 2010 年に "The Laws of Thermodynamics: A Very Short Introduction" として再刊．

"What is Chemistry?," Oxford: Oxford University Press(2013).

邦訳：渡辺 正訳，"化学——美しい原理と恵み"，丸善出版(2014).

原著は 2015 年に "Chemistry: A Very Short Introduction" として再刊予定．

"Reactions: The Private Life of Atoms," Oxford: Oxford University Press (2011).

本書の中身を掘り下げるには，以下の教科書（やさしい順）が役に立つ．

"Chemical Principles," New York: W. H. Freeman & Co.(2013)〔共著者：L. Jones, L. Laverman〕.

邦訳：渡辺 正訳，"アトキンス一般化学（上，下）"，東京化学同人(2014, 2015 予定).

"Elements of Physical Chemistry, 6th Ed.," Oxford and New York: Oxford University Press and W. H. Freeman & Co.(2013)〔共著者：J. de Paula〕.

第 5 版邦訳：千原秀昭，稲葉 章訳，"アトキンス物理化学要論"，東京化学同人(2012).

"Physical Chemistry, 10th Ed.," Oxford and New York: Oxford University Press and W. H. Freeman & Co.(2014)〔共著者：J. de Paula〕.

第 8 版邦訳：千原秀昭，中村亘男訳，"アトキンス物理化学"，東京化学同人(2009).

訳者あとがき

　そのむかし大学に入ったとき，いきなり量子力学と熱力学の洗礼を受けました．心の準備をする暇もない"鳩豆"状態のもと，素手で断崖絶壁をよじ登る気分でしたが，とうてい"理解できた"とはいえません．どうにか単位はとってもすぐに忘れた，というのが実情です．いまの"高校4年生"も同じでしょう．

　工学系の化学に進み，学部も大学院も物理化学の研究室に属したため，入学当初の不勉強を心から悔やみました．化学の土台は量子力学と熱力学――それがひしひしとわかってきたからです．しかたなく大学院で"リハビリ"に励みましたが，歳をとった分だけ余計な時間と労力を使っています．

　そういうハメになった原因のひとつは，量子力学や熱力学が"ゆくゆくこんなふうに役立つ"のだと，入学早々の講義でわかりやすく語ってくれる先生がいなかったことです（振り返れば両科目ともご担当は高名な方々でした）．むろん俗世の慣行どおり，わが身の怠惰をきっちり棚に上げての回想ではありますが．

　さて，化学のうち物理化学では，量子力学と熱力学が基礎になります．1970年代から版を重ねる教科書"物理化学"で名高いアトキンスがこのたび，物理化学の学習にからむ量子力学と熱力学のエッセンスを本書にまとめました．初学者に行く手を示す"道しるべ"や，周囲を見晴らす"展望台"となる本でしょう．

　本格的な物理化学の教科書なら，数式まみれになるものと相場が決まっています．けれど本書はまったくちがい，数式といえるのは，高校で学ぶ"理想気体の状態方程式"を別にして，たった7個しかありません．本文中の3個（エンタルピー $H=U+pV$，ギブズエネルギー $G=H-TS$，ボルツマン分布 $e^{-E/kT}$）と，"補足"記事に閉じこめた4個（ボルツマン分布の別表現，エントロピーの定義式，化学熱力学の基本式，アレニウスの式）です．

一見しておわかりのとおり，わずかな数式と簡明な図26点に頼るほかはひたすら言葉で，しかも絶妙な語り口で，物理化学のココロを説いています．化学の教科書と一般書を計70冊も刊行して"書き慣れた"原著者の面目躍如といえましょう．化学畑で45年ほど過ごしてきた訳者にも，いまさらながら教わるところがずいぶんありました．

　物理化学が形をなしてきた道のりと，そこに大きな足跡を残した先人たち（おもに物理学者）の仕事も手際よくまとめてあるため，化学史の手ごろな参考資料ともなる本です．

　そんな本書は，本格的な化学の入り口に立ち，行く手を見晴らしたい理系の大学1年生や，背伸びして大学の化学を"覗いて"みたい高校生諸君に役立つでしょう．学業を終え教育・研究に携わっている方々にとっては，物理化学の全体像を眺め直し，関連する最新の話題をつかむ素材になると思います．

　内容につき，ざっと訳者なりの解題をしておきましょう．化学の問いは，とりわけ物理化学なら，"物質はなぜそういう姿なのか？"と，"物質はなぜそのように変化するのか？"——以上二つの"なぜ？"に集約される，というのが私見です．どうやら原著者アトキンスの感性も似ているらしく，本書を通読していただけば，たいていの話題が，"姿"と"変化"の"なぜ？"をめぐるものだとおわかりでしょう（日本の高校化学に欠けている視点）．

　"姿"の答えは，"エネルギーが最低（＝安定）だから"です．かたや"変化"のほうには，ミクロ世界の問い"原子どうしはなぜつながりあうのか？"と，マクロ世界の問い"物理変化や化学変化はなぜその向きに進むのか？"の二つがあって，それぞれ答えは，"エネルギーが下がって安定になるから（ミクロ）"と，"宇宙の総エントロピーが増えるから（マクロ）"になります．

　それを発想の核にして，豊かな物質世界のありようと変身を解剖するのが，物理化学の営みだといえましょう．

　とりわけ重いのが，身近な化学現象の本質をなす"目に見える変化"の理由，つまり"宇宙の総エントロピー増加"です．だからこそ，本書を織

りなす章七つのうち四つまで（2・3・5・6章）が，手を替え品を替えつつ，そのことに触れているのです．

　象徴的な図の1枚を，邦訳のカバーに使いました．すぐピンときた人もいるでしょうが，"液体に何かを溶かしたとき，沸点はなぜ上がるのか？"を教える図です（本文 p. 75〜76 をご参照ください）．図中に描かれた矢印7個のたたずまい（長さ，向き）と温度計の読みとのからみ合いに"エントロピー"の影を感じとれたら，物理化学の核心に触れたといえましょう．

　末筆ながら，邦訳にあたり面倒な注文あれこれに応じていただき，綿密な編集・校正作業をしてくださった東京化学同人の植村信江さんに心より感謝申し上げます．

　2014年10月

渡　辺　　正

索　引

あ

アイリング（Eyring, H.）　86
アウイ（Haüy, R.）　59
アニオン　10
アブイニシオ分子軌道法　→
　　　　　　　第一原理法
アボガドロ（Avogadro, A.）　49
アレニウス（Arrhenius, S.）　84
安定性
　物質の――　41
アンモニア合成　45, 82

い

ESR　101
ESCA　102
イオン　10
イオン化エネルギー　9
イオン結晶　60
イオン雰囲気　57
EPR　101
陰イオン　10

う，え

宇田川榕菴　71

永久機関　23
AFM　104
液晶　62
液体　42, 54
ESCA　102
s 軌道　4
STM　103
X 線回折　58
X 線光電子分光　102

NMR　56, 98
エネルギー　12, 21, 38, 75
エネルギー移動　23
エネルギー準位　38
エネルギーの量子化　4
エネルギー分布　39
エネルギー保存則　23
f 軌道　5
FT-NMR　100
MRI　99
MO 理論　15
塩化ナトリウム　11
エンタルピー　24
エントロピー　27, 33, 41, 44,
　　　　　　　　66, 71, 75, 80
　――の変化量　33

お

オクテット　15
オゾン層　90
温度　22
　――の本質　40

か

ガイム（Geim, A.）　105
化学吸着　105
化学シフト　100
化学熱力学　25
　――の基本式　82
化学平衡　31
化学ポテンシャル　66
拡散律速　86
核磁気共鳴　56, 98
カチオン　10
活性化エネルギー　84
活性化律速　86

活性サイト　88
還元　91
干渉　17, 58
完全気体　49
完全気体の法則　49
完全結晶　33
環電流　100
緩和時間　101

き

気体　48
気体分子運動論　51
基底状態　38, 89
起電力　92
　ギブズエネルギー変化
　　　　　　　と――　92
ギブズ（Gibbs, J.）　30
ギブズエネルギー　30, 43, 65,
　　　　　　　　　71, 80
ギブズエネルギー変化
　――と起電力　92
逆浸透　77
吸収分光　97
凝固　65
凝固点　66
凝縮　67
共鳴　17, 98
共有結合　13
極限則　50, 76
巨大分子　15
金属　59

く，け

クラウジウス（Clausius, R.）
　　　　　　　　　　　28
クラスター　56

索引

クラペイロン (Clapeyron, E.) 68
クリシュナン (Krishnan, K.) 98
系 22, 23
蛍光 89
計算化学 6, 15, 26, 94
結合性軌道 18
ケプラー (Kepler, J.) 59
ゲーリュサック (Gay-Lussac, J.L.) 49
原子 1
原子核 2
原子価結合理論 15
原子間力顕微鏡 104
原子軌道 4, 18
原子半径 9
原子番号 2
元素
—— の周期表 109

こ

光化学 80, 89
光合成 90
光散乱 106
恒常性 79
酵素 87
光電子分光法 102
高分子 63
呼吸鎖 93
古典熱力学 22
古典物理学 1
古典力学 23
固有振動数 98
孤立系 23
孤立電子対 15
コレステリック型液晶 63
混合 71
混合エントロピー 44
混成 17
コンピュータ 96, 106
コンピュータ化学 15, 94

さ

最密充填 59

酸化 91
酸化還元反応 91
三重点 70
三態 48

し

紫外可視分光 97
時間の矢 43
磁気共鳴画像法 99
自己組織化 78
仕事 23
指数関数 40
実在気体 50
質量分析法 101
自発変化 27, 30, 43, 67, 80, 82
自由エネルギー 29, 32
周期 8
周期表 7, 109
自由度 71
周波数 100
出現確率 39
ジュール (Joule, J.) 23
シュレーディンガー (Schrödinger, E.) 4
準位 38
昇位 16
蒸気圧 76
蒸気機関 21
消光 89
状態図 69
状態変化 43, 65
状態方程式 49
衝突頻度 53
衝突理論 85
蒸発 66
触媒 87, 105
触媒反応 87
浸透 75, 77
振動数 100

す

水素 2
水素イオン 57
水素原子 4

ストークス散乱 98
スピン 2, 16, 89, 99
スペクトル 101
スメクティック型液晶 63
スレーター (Slater, J.) 16

せ, そ

正則溶液 72
生体エネルギー学 25
成 分 71
赤外分光 97
絶対エントロピー 34
絶対零度 33, 42
遷移状態理論 86
潜水病 74
センチ波 97
相 71
走査型トンネル顕微鏡 103
相 図 69
相転移 69
相 律 70
族 8
速度式 83
速度定数 83
素反応 84
ソフトマター 62
ソフトレーザー脱離法 102

た, ち

第一原理法 19
第一法則 22
第一種永久機関 25
第三法則 22, 33
第三法則エントロピー 34
第ゼロ法則 22
第二法則 22, 27
田中耕一 102
単距離力 107
単色性 106
探 針 103
中間相 62
中性子 2

索　引

中性子散乱　55
中性子線回折　55
長距離力　107
超臨界CO_2　62
超臨界水　62
超臨界流体　61

て，と

定圧熱容量　35
d 軌道　5
定積熱容量　35
デバイ（Debye, P.）　57
デバイ・ヒュッケル則　58
電　解　91
電気化学　32, 80, 91
電気分解　91
電　子　2
電子移動　92
電子常磁性共鳴　101
電子親和力　10
電子スピン共鳴　101
電　池　91

同位体　2
統計熱力学　22, 37, 51
統計力学　37
動的平衡　65
ドルトン（Dalton, J.）　1
トンネル現象　103

な 行

内部エネルギー　23, 41

二重結合　15

熱　23, 67
熱化学　25
熱伝導率　54
ネットワーク固体　15
熱平衡　22
熱容量　34
熱力学　21
熱力学第一法則 →第一法則
熱力学第三法則 →第三法則

熱力学第二法則 →第二法則
熱量計　25
ネマティック型液晶　63

ノボセロフ（Novoselov, K.）
　　　　　　　　　105

は，ひ

ハイトラー（Heitler, W.）　16
パウリ（Pauli, W.）　7
パウリの排他律　7
発光分光　97
波動関数　4
ハーバー（Haber, F.）　45
半経験法　19
反結合性軌道　19
半透膜　77
反応機構　79, 84, 93
反応商　81
反応性
　物質の――　41
反応速度　83
反応速度論　79

PES　102
p 軌道　5
微細構造　100
非弾性散乱　98
ビニッヒ（Binnig, G.）　104
比　熱　34
非膨張仕事　32
ヒュッケル（Hückel, E.）　57
標準生成エンタルピー　26
標準生成ギブズエネルギー　31

ふ

ファラデー（Faraday, M.）　10
ファンデルワールス（van der Waals, J.）　51
ファンデルワールスの状態方程式　52
ファントホッフ（van 't Hoff, J.）
　　　　　　　　　77
VB 理論　15

複合流体　62
フック（Hooke, R.）　59
沸　騰　65
物理吸着　105
物理変化　65
フーリエ変換　107
フーリエ変換 NMR　100
プロトン　99
分光法　96
分子軌道　18
分子軌道理論　15
分子ビーム　93
分析化学　96
フント（Hund, F.）　18

へ，ほ

平均的なふるまい
　成分粒子の――　38
平　衡　65, 81
平衡移動　45
平衡混合物　43
平衡状態　73
平衡定数　81
変化量
　エントロピーの――　33
ヘンリー（Henry, W.）　71
ヘンリーの法則　73

ボーア（Bohr, N.）　3
ボイル（Boyle, R.）　13, 48
膨張仕事　32
ボース-アインシュタイン凝縮体　108
ボッシュ（Bosch, C.）　45
ポテンシャルエネルギー面　94
ポリマー　63
ポーリング（Pauling, L.）　16
ボルツマン（Boltzmann, L.）
　　　　　　　　28, 39
ボルツマン定数　49
ボルツマン分布　39

ま 行

マイクロ波分光　97

索　引

マクスウェル・ボルツマン分布　52
マリケン（Mulliken, R.）　18
水　54, 69
密度汎関数理論　20
無機化学　8
メソフェーズ　62

や　行

融　点　66
陽イオン　10
溶　解　71
陽　子　2

ら　行

ラウール（Raoult, F-M.）　76
ラジカル　90
ラマン（Raman, C.）　98
ラマン分光　98
乱雑さ　42
理想気体　35, 42, 49
理想溶液　72
律速段階　84
リバモリウム　2
量子化　38
量子力学　1
理論化学　15
臨界点　61
リン光　89
ルイス（Lewis, G.）　13
ルシャトリエ（Le Châtelier, H.）　45
ルシャトリエの原理　45, 68
励起状態　89
レーザー　89, 96, 105
連鎖反応　90
ローカル現象　14
ローラー（Rohrer, H.）　104
ロンドン（London, F.）　16

渡 辺 正
　わた　　なべ　　ただし

1948 年 鳥取県に生まれる
1976 年 東京大学大学院工学系研究科博士課程 修了
現 東京理科大学総合教育機構理数教育研究センター 教授
東京大学名誉教授
専攻 生体機能化学，環境科学，化学教育
工 学 博 士

第 1 版 第 1 刷 2014 年 11 月 15 日 発行

アトキンス 物理化学入門

Ⓒ 2014

訳　者	渡　辺　　正
発行者	小　澤　美　奈　子
発　行	株式会社 東京化学同人

東京都文京区千石3丁目36-7 (℡112-0011)
電話 03-3946-5311・FAX 03-3946-5316
URL: http://www.tkd-pbl.com/

印　刷　株式会社 木元省美堂
製　本　株式会社 松 岳 社

ISBN978-4-8079-0861-5 Printed in Japan

無断転載および複製物(コピー，電子データなど)の配布，配信を禁じます．

アトキンス 物理化学要論
第5版

P. W. Atkins・J. de Paula 著
千原秀昭・稲葉 章 訳
B5判　カラー　592ページ　本体5900円＋税

物理化学をもう少し深く学んでみたい人に勧められる．定評ある「アトキンス物理化学」の要約最新版．基本原理を明確に解説し先端科学技術への応用にもふれる．フルカラーでわかりやすく記述．

アトキンス 物理化学（上・下）
第8版

P. W. Atkins・J. de Paula 著
千原秀昭・中村亘男 訳
B5判　カラー　上巻：548ページ　本体5700円＋税
　　　　　　　下巻：640ページ　本体5800円＋税

物理化学を本格的に学習したい人に最適．明解な記述で世界的に定評のある教科書．フルカラーで，理解しやすい．